Office 2019
办公应用从小白到高手
（微视频版）

刘义　李继超　董轶男　编著

U0187628

清华大学出版社
北　京

内 容 简 介

本书从初学者角度出发，系统地介绍 Office 2019 中最基本、最实用的办公技能。全书共 12 章，内容涵盖 Word 基础操作、文档的格式化、制作图文混排的文档、表格的应用、Word 高级功能、Excel 基础操作、公式和函数的运用、数据的处理、使用图表分析数据、PowerPoint 基础操作、幻灯片的美化、为幻灯片添加动画、幻灯片的放映与导出等。

本书内容翔实、案例丰富、结构清晰、语言简练，具有很强的实用性和可操作性，既可作为高等院校的教材，也可作为职场人士提升办公技能的指南。

图书在版编目(CIP)数据

Office 2019办公应用从小白到高手：微视频版 / 刘义，李继超，董轶男编著. —北京：清华大学出版社，2021.4

ISBN 978-7-302-57828-4

Ⅰ.①O… Ⅱ.①刘… ②李… ③董… Ⅲ.①办公自动化—应用软件—教材 Ⅳ.①TP317.1

中国版本图书馆 CIP 数据核字(2021) 第 057271 号

责任编辑：胡辰浩
封面设计：高娟妮
版式设计：孔祥峰
责任校对：成凤进
责任印制：丛怀宇

出版发行：清华大学出版社
    网 址：http://www.tup.com.cn，http://www.wqbook.com
    地 址：北京清华大学学研大厦 A 座   邮 编：100084
    社 总 机：010-62770175   邮 购：010-62786544
    投稿与读者服务：010-62776969，c-service@tup.tsinghua.edu.cn
    质 量 反 馈：010-62772015，zhiliang@tup.tsinghua.edu.cn
印 装 者：三河市铭诚印务有限公司
经 销：全国新华书店
开 本：185mm×260mm   印 张：20.5   字 数：473 千字
版 次：2021 年 6 月第 1 版   印 次：2021 年 6 月第 1 次印刷
定 价：88.00 元

产品编号：090152-01

前言

当今社会，快速地学习计算机知识与掌握相关技能已经是每个人必须具备的基本能力。Office 是微软公司推出的办公软件套装。本书主要介绍 Office 2019 中的 Word、Excel 和 PowerPoint 三个常用软件。

本书全面介绍 Office 的功能、用法和技巧，内容包括文字处理、电子表格应用、幻灯片制作和演示等。本书能为用户快速地入门 Word、Excel 和 PowerPoint 提供便捷的途径，无论是基础知识的安排还是实际应用能力的培养，本书都充分考虑了用户的需求，希望用户边学习边练习，最终实现理论知识与应用能力的同步提高。

本书共分 3 篇，包括 12 章，主要内容安排如下。

第 1 篇 "Word 2019 办公应用" 包含第 1 ～ 4 章，通过会议通知、劳动合同、房屋租赁合同、招生简章、岗位职责、简历、组织结构图、员工档案表等各类办公文档，讲解 Word 文档的基本操作、图文混排、表格应用、Word 高级功能等内容。

第 2 篇 "Excel 2019 办公应用" 包含第 5 ～ 9 章，通过人力资源管理、生产管理、销售管理、仓储管理、财务管理等方面的基础表单和统计分析报表，讲解 Excel 表格的基本操作、表格的格式化、公式和函数、数据排序、数据筛选与汇总、图表分析与数据透视表等内容。

第 3 篇 "PowerPoint 2019 幻灯片设计与制作" 包含第 10 ～ 12 章，通过教学课件、会议简报、销售报告、工作报告、商务汇报、商业计划书、项目宣传册、节日庆典等方面的演示文稿，讲解幻灯片的编辑与设计、幻灯片动画的设置、幻灯片的放映与导出等内容。

本书内容翔实、案例丰富、结构清晰、语言简练，具有很强的实用性和可操作性，既可作为高等院校的教材，也可作为职场人士提升办公技能的指南。

本书由佳木斯大学的三位老师编写，其中，刘义编写了第 2、5、8、9、12 章，李继超编写了第 3、6、7、10 章，董轶男编写了第 1、4、11 章。我们真切希望读者在阅读本书之后，不仅能开拓视野，而且能增强实践操作技能，从中学习和总结操作的经验与规律，灵活运用。

由于编者水平有限，书中纰漏和考虑不周之处在所难免，热诚欢迎读者予以批评、指正。我们的邮箱是 992116@qq.com，电话是 010-62796045。

编 者
2021 年 1 月

目录

第1篇
Word 2019办公应用

Word(即Microsoft Office Word)是一款文字处理软件，也是很多公司必备的办公软件之一。Word在文字处理软件市场上占据统治地位，可以帮助用户快速创建、编辑、排版、打印各类用途的文档。

学完本篇，读者将能制作出专业的会议通知、劳动合同、房屋租赁合同、招生简章、岗位职责、简历、组织结构图、员工档案表等各类办公文档。

- ○ 第1章　Word文档的基本操作
- ○ 第2章　图文混排
- ○ 第3章　表格的应用
- ○ 第4章　Word高级功能

第1章
Word文档的基本操作

Word是Office中最常用的一款组件，主要用于文字的处理、简单表格与图形的制作，是一款非常实用的办公软件。本章将详细介绍Word的基本知识和使用Word进行文档编辑的相关操作，包括Word 2019的工作界面、文档操作、文本的输入、字体格式的设置、段落格式的设置、文档编辑、Word文档视图等内容。

 本章重点

- ○ 首次接触Word 2019
- ○ 操作Word文档
- ○ 文本的输入
- ○ 字体格式的设置
- ○ 段落格式的设置
- ○ 文档编辑
- ○ Word文档视图

 二维码教学视频

【例1-1】Word的界面操作

【例1-2】文档保存设置

【例1-3】创建新文档

【例1-4】保存【会议通知】文档

【例1-6】输入【会议通知】文本内容

【例1-7】在文档中插入日期

【例1-8】在【开始】选项卡中设置字体

【例1-11】设置标题文本的字符距

【例1-12】设置文本对齐方式

【例1-13】设置文档的段落缩进

【例1-14】设置段落间距和行距

【例1-15】为文档设置项目符号

【例1-19】移动文本内容

【例1-20】复制文本内容

【例1-22】查找文档中的文本

【例1-23】替换文档中的文本

案例演练——制作【劳动合同】

1.1 首次接触Word 2019

为了使用Word进行文档编辑，首先需要掌握Word的启动、退出、界面操作、文档设置等基本操作，Office其他组件的相关知识与Word类似，后面各章不再重复介绍。

1.1.1 启动Word

安装好Office以后，可以通过如下3种常用方法启动Word。
- 双击桌面上的Word快捷方式图标，即可启动Word，如图1-1所示。
- 单击【开始】按钮⊞，然后选择相应的Word命令，如图1-2所示。
- 双击计算机中保存的Word文档，即可启动Word并打开指定的Word文档。

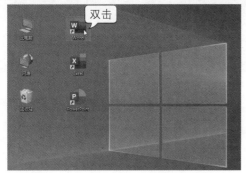

图1-1 双击桌面上的Word快捷方式图标　　　图1-2 从"开始"菜单中启动Word

1.1.2 退出Word

完成对文档的处理后，可以通过如下3种常用方法退出Word。
- 单击窗口标题栏右侧的【关闭】按钮✕，即可退出Word，如图1-3所示。
- 选择【文件】|【关闭】命令，如图1-4所示。
- 按Alt+F4组合键。

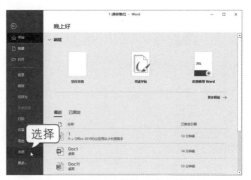

图1-3 单击【关闭】按钮　　　图1-4 选择【文件】|【关闭】命令

1.1.3 Word 2019的工作界面

在对Word进行学习之前，首先需要认识Word的工作界面，并掌握界面操作。Word 2019的工作界面主要由【快速访问】工具栏、标题栏、【窗口控制】按钮、【文件】按钮、功能区、编辑区和状态栏组成。

1. 认识Word 2019的工作界面

启动Word 2019，Word 2019的工作界面如图1-5所示。

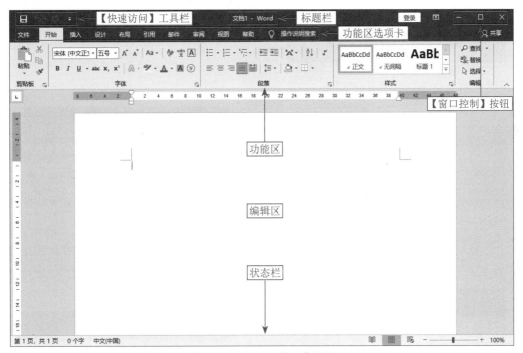

图1-5　Word 2019的工作界面

- 【快速访问】工具栏：其中集成了多个常用按钮，默认状态下包括【保存】【撤销】【恢复】按钮，用户也可以根据需要进行添加或更改。
- 标题栏：用于显示文档的标题和类型。
- 【窗口控制】按钮：单击其中的【最小化】按钮 ━、【最大化】按钮 □ 和【关闭】按钮 ✕，可分别对窗口执行最小化、最大化和关闭操作。
- 功能区选项卡：这里显示了各个功能区的名称，单击不同的选项卡，可以切换到对应的功能区。
- 功能区：功能区根据用户所要完成的任务，将相关的命令整理在一起，从而便于用户查找。例如，【开始】选项卡的功能区收集了与字体、段落设置相关的命令。
- 编辑区：用户可以在编辑区对文档进行编辑操作，制作需要的文档内容。
- 状态栏：用于查看页数、页码，以及进行视图间的切换和控制视图的显示比例。

2. Word 2019的界面操作

在【快速访问】工具栏中可以添加需要的功能按钮，以便快速完成常见操作，还可以对功能区进行折叠，从而扩大编辑区的空间。

【例1-1】 Word的界面操作 视频

01 启动Word，然后单击【快速访问】工具栏中的【自定义快速访问工具栏】按钮，打开【快速访问】工具栏的自定义菜单，如图1-6所示。

02 选择想要添加的功能按钮，如【新建】和【打开】，即可在【快速访问】工具栏中添加对应的功能按钮，如图1-7所示。

图1-6 单击【自定义快速访问工具栏】按钮

图1-7 添加功能按钮

03 在功能区的右下角单击【折叠功能区】按钮，如图1-8所示；可以对功能区进行折叠，效果如图1-9所示。

图1-8 单击【折叠功能区】按钮

图1-9 功能区折叠后的效果

04 功能区折叠后，在功能区标签处右击，从弹出的菜单中选择【折叠功能区】选项，如图1-10所示，可以重新展开功能区。另外，单击功能区的某一标签，在展开的功能区的右下角单击【固定功能区】按钮，也可以重新展开功能区，如图1-11所示。

图1-11 单击【固定功能区】按钮

图1-10 取消折叠功能区

1.1.4 Word文档的常用设置

在操作Word软件的过程中，经常需要打开以前的文档继续进行编辑及修改。为了工作方便或满足其他需求，通常需要设置文档的默认保存位置、自动保存时间，以及"最近使用的文档"的显示数目等。

1. 设置文档的默认保存位置

在Word中保存文档时，用户可以根据个人需要，将文档的默认保存位置设置为指定的文件夹。

【例1-2】 文档保存设置 🎬视频

01 选择【文件】|【选项】命令，打开【Word选项】对话框，单击【保存】选项，再单击【默认本地文件位置】右侧的【浏览】按钮，如图1-12所示。

02 在打开的【修改位置】对话框中可以选择文档的默认保存位置，如图1-13所示，设置好之后单击【确定】按钮，即可修改文档的默认保存位置。

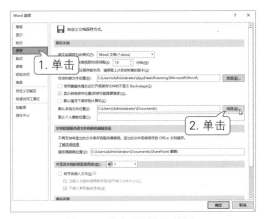

图1-12　单击【浏览】按钮

图1-13　修改文档的默认保存位置

03 单击【自动恢复文件位置】右侧的【浏览】按钮，在打开的【修改位置】对话框中可以设置自动恢复文件的位置。

04 选中【保存自动恢复信息时间间隔】复选框，然后在右侧的微调框中输入时间值(如5分钟)，如图1-14所示。确定后，Word将每隔指定的时间自动保存可供恢复的文档。

05 单击【将文件保存为此格式】下拉按钮，在弹出的下拉列表中可以设置文档的保存格式和版本，如图1-15所示。

图1-14　设置文档的自动保存时间

图1-15　设置文档的保存格式和版本

在保存Office文档时可以选择不同的保存格式，以便能够在早期版本的Office组件中打开和编辑。

2. 设置"最近使用的文档"的显示数目

在Word中，每次打开的文档的名称都被记录在【文件】按钮对应的菜单中，下次需要打开时，可以直接选择菜单中的文档名，即可打开对应的文档。有时为了工作方便，可以更改"最近使用的文档"的显示数目。

选择【文件】|【选项】命令，打开【Word选项】对话框。选择【Word选项】对话框左侧的【高级】选项，拖动右侧的滚动条到【显示】选项区域，在【显示此数目的'最近使用的文档'】微调框中输入新的数值，如图1-16所示，然后单击【确定】按钮，即可设置"最近使用的文档"的显示数目。

如果在【显示此数目的'最近使用的文档'】微调框中输入0，那么Word将清除【文件】菜单中以前打开的文档的名称，并且不再记录新打开的文档的名称。

图1-16 设置"最近使用的文档"的显示数目

1.2 制作【会议通知】

会议通知是上级对下级、组织对成员或平行单位之间部署工作、传达事情或召开会议时使用的应用文，一般由标题、主送单位(受文对象)、正文、落款四部分组成。本节将以制作【会议通知】为例，讲解Word 2019的基本操作，包括文档的基本操作、文本的输入、文字的选择、删除文本、撤销和恢复操作等，效果如图1-17所示。

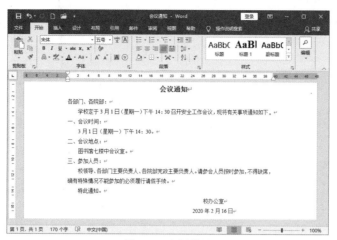

图1-17　实例效果

1.2.1　文档的基本操作

在使用Word进行文档的创建和编辑之前，首先要掌握文档的基本操作。下面依次介绍在Word中新建空白文档、保存文档、关闭文档和打开文档等操作。

1. 新建空白文档

在使用Word制作【会议通知】文档之前，首先需要创建一个空白文档。在启动Word 2019后，可以通过如下操作新建空白文档。

【例1-3】 创建新文档　视频

01 启动Word，单击【文件】按钮，在打开的【文件】菜单中选择【新建】命令，然后单击【空白文档】选项，如图1-18所示。

02 执行上述操作后，系统将自动新建名为"文档1"的空白文档，如图1-9所示。

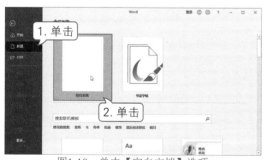

图1-18　单击【空白文档】选项

图1-19　新建的空白文档

> **提示**
>
> 为提高用户的工作效率，Word提供了多个已经设置好的模板文档，用户只需要对其中的内容进行修改即可。单击【文件】按钮，然后选择【新建】命令，在模板列表中可以选择需要的模板文档，如图1-20和图1-21所示。

图1-20 选择模板文档

图1-21 模板效果

2. 保存文档

创建好文档后，用户应及时进行保存，以避免因为断电或误操作，造成文件数据丢失。保存文档有两种方式：一种是将文档保存在原来的位置，也就是使用【保存】命令来实现文档的保存；另一种是将文档另存到其他位置，也就是使用【另存为】命令来实现文档的保存。后面这种保存方式可用于为现有文档做备份，避免因修改而丢失原有数据。

【例1-4】 保存【会议通知】文档 🎬视频

01 单击【文件】按钮，在打开的【文件】菜单中选择【另存为】命令，然后单击【浏览】按钮，如图1-22所示。

02 打开【另存为】对话框，在【保存位置】下拉列表中设置文档的保存位置，输入文件名"会议通知"，然后单击【保存】按钮，如图1-23所示。

图1-22 单击【浏览】按钮

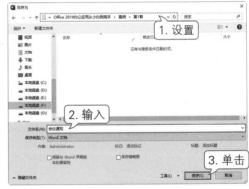

图1-23 进行保存设置

03 执行上述操作后，当前文档窗口的标题栏将显示相应的文档名称，如图1-24所示。

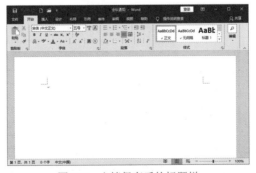

图1-24 文档保存后的标题栏

> **提示**　单击【快速访问】工具栏中的【保存】按钮回，或者按Ctrl+S组合键，也可以对文档进行保存。在保存现有文档(也就是已经保存过的文档)时，系统会直接进行保存而不会弹出【另存为】对话框。如果要对已有文档进行另存，那么需要在【文件】菜单中选择【另存为】命令。

3. 关闭文档

在完成文档的编辑并保存后，可以通过单击文档窗口右上角的【关闭】按钮✕来退出Word，从而关闭当前文档；也可以单击【文件】按钮，在弹出的【文件】菜单中选择【关闭】命令，从而只关闭当前文档而不退出Word。

4. 打开文档

当计算机中存在用户需要的Word文档时，可以双击文档或者通过【打开】命令来打开文档。

【例1-5】打开【会议通知】文档

01 启动Word，单击【文件】按钮，在弹出的【文件】菜单中选择【打开】命令，然后单击【浏览】按钮，如图1-25所示。

02 打开【打开】对话框，在【查找范围】下拉列表中设置想要打开的文档的位置，再选择需要打开的文档，然后单击【打开】按钮即可打开指定的文档，如图1-26所示。

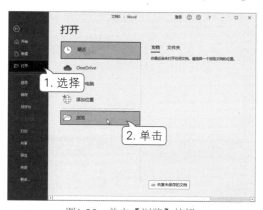

图1-25　单击【浏览】按钮

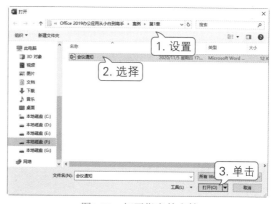

图1-26　打开指定的文档

1.2.2 输入文本

在输入文本之前，必须先将插入点定位到输入的位置。等到插入点定位好以后，切换到适合自己的输入法，即可从插入点开始输入文本。下面以输入【会议通知】文本内容为例，练习文字、数字和标点符号等文本的输入。在此过程中，你还将理解空格键和Enter键的作用。

【例1-6】输入【会议通知】文本内容 📹视频

01 打开【会议通知】文档，在编辑区单击，将插入点定位到文档开始处，如图1-27所示。

02 选择适合自己的输入法，输入标题文字【会议通知】，如图1-28所示。

图1-27　定位插入点　　　　　　　　　　图1-28　输入标题文字

03 按Enter键进行换行，将插入点定位到第二行开始处，如图1-29所示。然后依次输入会议通知的正文内容，如图1-30所示。

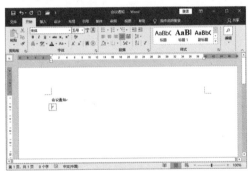
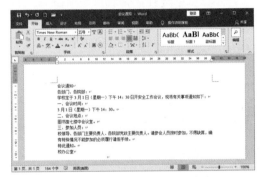

图1-29　重新定位插入点　　　　　　　　图1-30　输入会议通知的正文内容

04 在"会议通知"文字前单击，然后按空格键，将文字"会议通知"向后移动到居中位置，如图1-31所示。

05 使用同样的方法，在其他段落文字前输入空格，调整各个段落文字的位置，如图1-32所示。

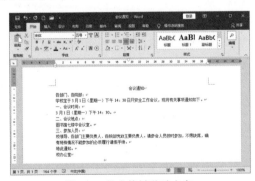
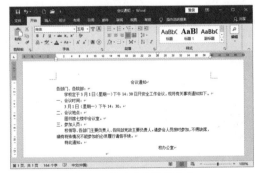

图1-31　按空格键移动文字　　　　　　　图1-32　移动其他段落文字

> **提示**
>
> 在设置段落文字居中和首行缩进时，可以使用【段落】组中的对齐和缩进功能进行设置，具体操作方法将在后面章节中进行详细讲解。

1.2.3　插入符号和日期

在日常工作中，经常需要在文档中插入符号和日期。本节将介绍在文档中插入符号和日期的操作方法。

1. 插入日期和时间

当需要在文档中插入日期和时间时，不必手动输入，只需要通过【日期和时间】对话框进行插入即可。

【例1-7】 在文档中插入日期 📹视频

01 在需要插入日期的位置双击，将光标定位到当前位置，启用即点即输功能，如图1-33所示。

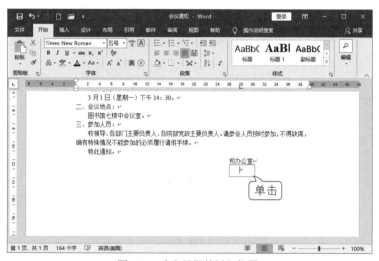

图1-33　确定日期的插入位置

> **提示**
>
> 所谓即点即输，是指在Word中将光标指向需要输入文字的位置后，双击鼠标即可在指定的位置进行文字输入。

02 单击【插入】选项卡，在【文本】组中单击【日期和时间】按钮，如图1-34所示。

图1-34　单击【日期和时间】按钮

03 打开【日期和时间】对话框，在【可用格式】列表框中选择需要插入的日期格式，然后单击【确定】按钮，如图1-35所示。

04 插入日期后，返回文档中，插入当前日期后的文档效果如图1-36所示。

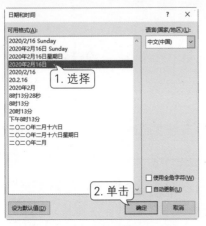

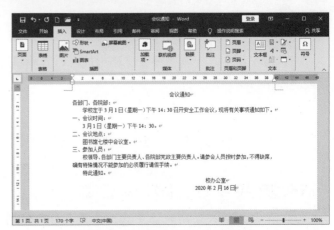

图1-35　【日期和时间】对话框　　　　图1-36　插入当前日期后的文档效果

　　打开【日期和时间】对话框，在【可用格式】列表框中选择需要插入的时间格式并确定后，即可插入当前时间。

2. 插入符号

使用【符号】对话框可以插入键盘上没有的符号或特殊字符。单击【插入】选项卡，在【符号】组中单击【符号】下拉按钮，在弹出的下拉面板中单击想要插入的符号，如图1-37所示。完成符号的插入后，效果如图1-38所示。

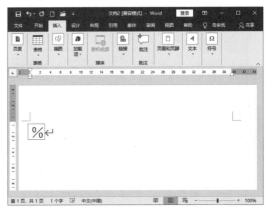

图1-37　选择想要插入的符号　　　　　　图1-38　插入的百分号

　　单击【符号】下拉按钮，在弹出的下拉面板中选择【其他符号】选项，打开【符号】对话框，在【符号】选项卡中可以选择插入其他更多的符号，如图1-39所示。也可以切换到【特殊字符】选项卡，选择想要插入的特殊字符，如图1-40所示。

图1-39　插入其他符号　　　　　　　　　　图1-40　插入特殊字符

1.3　制作【岗位职责】

岗位职责是指岗位上的人员所需完成的工作内容以及应当承担的责任范围。本节以制作【岗位职责】为例，讲解在Word中进行文本选择和字体设置的相关操作，效果如图1-41所示。

图1-41　实例效果

1.3.1 选择文本

在对文档中的文本进行格式设置之前，首先要对想要编辑的文本进行选定。针对不同内容的文本，应采用不同的选择方法以提高选择速度。

1. 选择任意文本

打开【岗位职责】文档，将光标移到需要选定的文本前，按住鼠标左键的同时向右拖动至需要选择的文本的末尾，然后释放鼠标，即可选中文本，如图1-42所示。

2. 选择词语

将光标移到词语前或词语的中间位置，双击即可选中词语，如图1-43所示。

图1-42 选择任意文本

图1-43 选择词语

3. 选择一行文本

将光标移至想要选定的行的左侧空白处，当光标变成形状时，单击即可选中该行文本，如图1-44所示。

4. 选择整段文本

将光标移至想要选定的段落的左侧空白处，当光标变成形状时，双击即可选中该段文本，如图1-45所示。

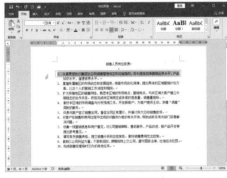
图1-44 选择一行文本

图1-45 选择整段文本

5. 选择长文本

将光标定位到想要选择的文本的起始处，按住Shift键不放，在文本的末尾单击，即可选中长文本，如图1-46所示。

6. 选择不连续文本

选中想要选择的第一处文本，在按住Ctrl键的同时选择其他文本，效果如图1-47所示。

图1-46　选择长文本　　　　　　　　　　图1-47　选择不连续文本

7. 选择文本块

在按住Alt键的同时，向右下方拖动鼠标，可选中光标经过区域的文本，如图1-48所示。

8. 选择整篇文本

将光标移至文档左侧空白处，当光标变成形状时，连续单击三次或按Ctrl+A组合键，即可选中整篇文本，如图1-49所示。

图1-48　选择文本块　　　　　　　　　　图1-49　选择整篇文本

1.3.2　设置字体格式

设置字体格式是格式化文档时最基本的操作。字体格式主要包括字体、字形、字号及颜色等。【开始】选项卡的【字体】组中显示了字体格式的各个功能按钮，如图1-50所示。

○ 字体 是指文字的外观，Word 2019提供了多种字体，默认字体为【宋体】。

○ 字号 是指文字的大小，默认字号为【五号】。

○ 字形包括加粗 **B**、倾斜 *I*、下画线 U、删除线 abc、下标 X_2 和上标 x^2 等特殊外观。

○ 字体颜色 **A** 是指文字的颜色，单击【字体颜色】按钮右侧的下拉箭头，可以在弹出的面板中选择需要的颜色，如图1-51所示。

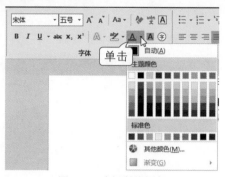

图1-50 【字体】组　　　　　　　　　图1-51 选择字体颜色

在Word 2019中，可以通过3种常用的方法来设置文本的字体格式，分别是在【开始】选项卡中进行设置、在【字体】对话框中进行设置，以及在浮动的工具面板中进行设置。

【例1-8】 在【开始】选项卡中设置字体 视频

01 打开【岗位职责】素材文档，选择标题文本，如图1-52所示。

02 选择【开始】选项卡，单击【字体】组中的【字体】下拉按钮▼，在弹出的下拉列表中选择【黑体】，如图1-53所示。

图1-52 选择标题文本　　　　　　　图1-53 选择字体

03 单击【字体】组中的【字号】下拉按钮▼，在弹出的下拉列表中选择【二号】，如图1-54所示。

04 单击【字体】组中的【加粗】按钮**B**，将标题文本的字形设置为加粗，如图1-55所示。

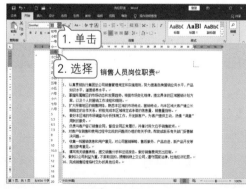

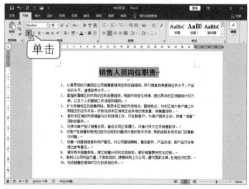

图1-54 选择字号　　　　　　　　　图1-55 设置字形

05 单击【字体】组中的【字体颜色】下拉按钮 **A⁃**，在弹出的面板中设置标题文字的颜色为红色，如图1-56所示。

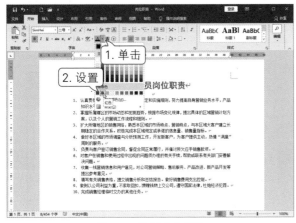

图1-56 选择字体颜色

> **提示**
> 选择想要设置的文本后，在【字号】文本框中直接输入表示字号大小的数值，即可自定义文字的大小。

☞ 【例1-9】 在【字体】对话框中设置字体

01 选中全部的正文文字，然后单击【字体】组中右下角的【字体】按钮 ⌐，如图1-57所示。

02 在打开的【字体】对话框中选择【字体】选项卡，然后在【中文字体】下拉列表中设置字体为【宋体】，在【字形】列表框中设置字形为【常规】，在【字号】列表框中设置字号为【四号】，单击【确定】按钮使设置生效，如图1-58所示。

图1-57 单击【字体】按钮

图1-58 设置字体

提示

选择想要设置的文本，然后右击，在弹出的快捷菜单中选择【字体】命令，抑或按Ctrl+D组合键，也可以打开【字体】对话框。

【例1-10】在浮动的工具面板中设置字体

01 选中正文中的"1、"文字，此时光标的上方会自动出现一个浮动的工具面板，单击这个工具面板中的【加粗】按钮B，即可将选中的文本加粗，如图1-59所示。

02 继续选择其他的编号文字，设置字形为加粗，如图1-60所示。

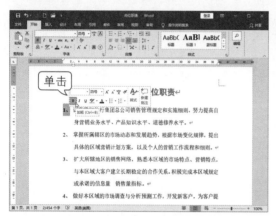
图1-59　单击【加粗】按钮

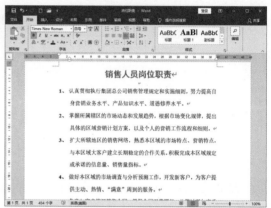
图1-60　将编号文字加粗

提示

选择文字，在浮动的工具面板中单击【加粗】按钮B，可以将文字的字形设置为粗体；单击【倾斜】按钮I，可以将文字的字形设置为斜体；单击【下画线】按钮U，可以在文字的下方添加下画线。再次单击这些按钮，可以取消相应的字形设置。

1.3.3　设置字符间距

当需要将某段文字之间的间距加大或缩小时，可以通过调整字符间距来实现，具体操作方法如下。

【例1-11】设置标题文本的字符间距 视频

01 选中标题文本，按Ctrl+D组合键，打开【字体】对话框。

02 选择【高级】选项卡，设置字符间距为【加宽】，磅值为1.5，再单击【确定】按钮，如图1-61所示。修改完字符间距后的标题效果如图1-62所示。

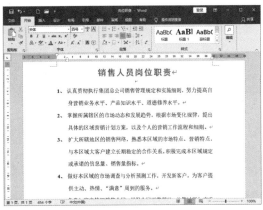

图1-61　设置字符间距

图1-62　修改后的标题效果

1.3.4 设置边框或底纹

在文档中，通过为单个或多个文字对象添加边框和底纹，可以对其进行重点突出，或进行文字内容的区分。

1. 添加边框或底纹

选择文本，单击【字体】组中的【字符底纹】按钮 **A**，即可为选择的文本添加底纹效果，如图1-63所示；选择文本，单击【字体】组中的【字符边框】按钮 **A**，即可为选择的文本添加边框效果，如图1-64所示。

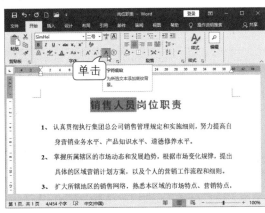

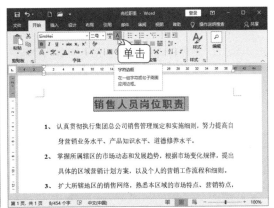

图1-63　添加底纹效果

图1-64　添加边框效果

> **提示**
>
> 选中想要突出显示的文本后，单击【字体】组中的【文本突出显示颜色】下拉按钮，可以在打开的下拉列表中选择需要的颜色作为底纹，对选中的文本进行重点显示。

2. 清除边框或底纹

为文本添加边框或底纹后，可以使用如下操作方法清除文本的字符边框或字符底纹。

- ○ 清除文本的字符底纹：选择添加了底纹的文本，然后单击【字符底纹】按钮A。
- ○ 清除文本的字符边框：选择添加了边框的文本，然后单击【字符边框】按钮A。

> **提示**
>
> 在【段落】组中单击【边框】下拉按钮，在弹出的下拉列表中选择【边框和底纹】选项，打开【边框和底纹】对话框。选择【边框】选项卡，可以为段落设置边框，如图1-65所示；选择【底纹】选项卡，可以为段落设置底纹，如图1-66所示。

图1-65　为段落设置边框

图1-66　为段落设置底纹

1.4　制作【房屋租赁合同】

　　房屋租赁合同是日常生活中较为常见的一种文档，是依据房屋租赁相关法律法规制定的房屋租赁协议，一般包括以下要素：房屋基本情况、租赁期限、租金、押金、房屋维护、合同解除、违约责任、争议解决方法等。本节以制作【房屋租赁合同】为例，讲解在Word中进行段落格式设置的相关操作，效果如图1-67所示。

图1-67　实例效果

1.4.1 设置段落对齐方式

段落对齐方式是指段落文本在水平方向上以何种方式对齐。段落文本的对齐方式有【居中】【左对齐】【右对齐】【两端对齐】和【分散对齐】等，在【段落】组中单击对齐按钮，如图1-68所示，即可将段落文本按指定的方式进行对齐。

○ 左对齐≡能使整个段落在页面上靠左对齐排列，左对齐的组合键是Ctrl+L，左对齐效果如图1-69所示。

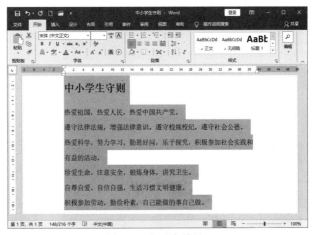

图1-68　对齐按钮 　　　　　　　图1-69　左对齐效果

○ 居中对齐≡能使整个段落在页面上居中对齐排列，居中对齐的组合键是Ctrl+E，居中对齐效果如图1-70所示。

○ 右对齐≡能使整个段落在页面上靠右对齐排列，右对齐的组合键是Ctrl+R，右对齐效果如图1-71所示。

图1-70　居中对齐效果

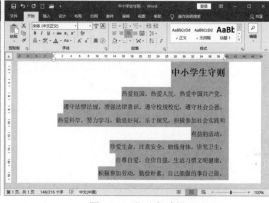
图1-71　右对齐效果

○ 两端对齐≡能使段落中每行文本的首尾对齐。当段落中各行之间字体大小不同时，将自动调整字符间距，以保持段落的两端对齐，这是Word默认的对齐方式。两端对齐的组合键是Ctrl+J，两端对齐效果如图1-72所示。

○ 分散对齐▤是Word提供的一种特殊的文字对齐方式，这种方式主要通过自动调整文字之间的距离来达到在各个单元格中对齐文本的目的。分散对齐的组合键是Ctrl+Shift+J，分散对齐效果如图1-73所示。

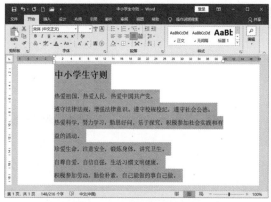
图1-72　两端对齐效果

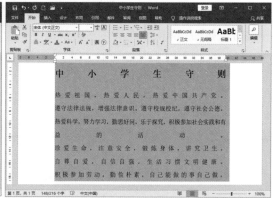
图1-73　分散对齐效果

【例1-12】设置文本对齐方式 ●视频

01 打开【房屋租赁合同】素材文档，选中标题文本，单击【开始】选项卡，在【段落】组中单击【居中】按钮≡，得到的效果如图1-74所示。

02 选中所有正文内容，在【段落】组中单击【两端对齐】按钮≡，得到的效果如图1-75所示。

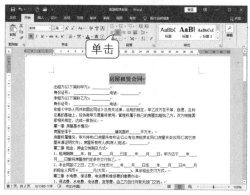

图1-74 单击【居中】按钮后的效果

图1-75 单击【两端对齐】按钮后的效果

1.4.2 设置段落缩进

段落缩进是指文本与页边距之间的距离。通过设置段落缩进，可在段落文本的左右两边空出几个字符，方式包括左缩进、右缩进、首行缩进和悬挂缩进。

- ○ 左缩进：设置整个段落左边界的缩进位置。
- ○ 右缩进：设置整个段落右边界的缩进位置。
- ○ 首行缩进：设置段落中首行的起始位置。
- ○ 悬挂缩进：设置段落中除首行外的其他行的起始位置。

段落缩进可以使用【段落】对话框或标尺来进行设置。

【例1-13】设置文档的段落缩进 视频

01 打开【房屋租赁合同】素材文档，选中第一段正文并右击，在弹出的快捷菜单中选择【段落】命令，如图1-76所示。

02 打开【段落】对话框，在【缩进】选项区域打开【特殊】下拉列表，然后选择【首行】选项，如图1-77所示。

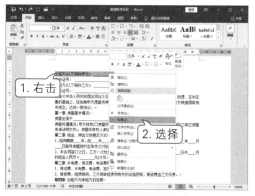

图1-76 选择【段落】命令

图1-77 选择【首行】选项

03 设置【首行】的缩进值为2字符，如图1-78所示，然后单击【确定】按钮。返回到文档中，即可看到为选中文本设置的首行缩进效果，如图1-79所示。

图1-78　设置首行缩进

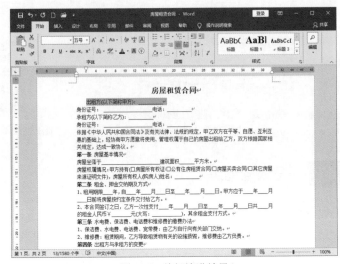

图1-79　首行缩进效果

04 单击【视图】选项卡，在【显示】组中选中【标尺】复选框以显示标尺，然后选中后面所有段落文本，在标尺栏中将首行缩进滑块向右拖动两个字符，从而将正文的首行缩进都设置为2字符，效果如图1-80所示。

提示　单击【段落】组中右下角的【段落设置】按钮，也可以打开【段落】对话框进行段落设置。

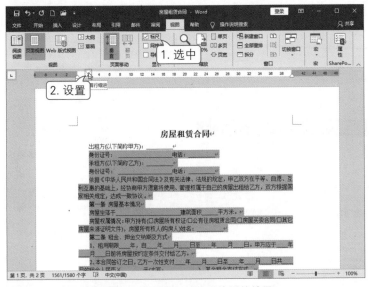

图1-80　拖动首行缩进滑块后的效果

1.4.3 设置段落间距和行距

　　段落间距是指相邻两个段落之间的距离，行距是指行与行之间的距离，下面就来学习设置段落间距和行距的具体操作方法。

【例1-14】 设置段落间距和行距 📹视频

　　01 选中【房屋租赁合同】素材文档中的标题文本，单击【段落】组中右下角的【段落设置】按钮，如图1-81所示。

　　02 打开【段落】对话框，在【间距】选项区域设置【段前】和【段后】的值分别为1行和1.5行，然后单击【确定】按钮，如图1-82所示。

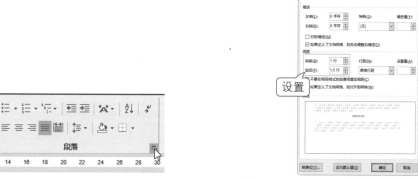

图1-81　单击【段落设置】按钮

图1-82　设置标题的段前及段后间距

　　03 选中【房屋租赁合同】素材文档中的所有正文内容，打开【段落】对话框，在【间距】选项区域设置【段前】为0行，设置【段后】为1行，如图1-83所示。

　　04 单击【确定】按钮返回到文档中，此时即可看到所有段落的后面都增加了一个空行，效果如图1-84所示。

图1-83　为正文设置段落间距

图1-84　为正文设置段落间距后的效果

05 打开【段落】对话框，在【间距】选项区域单击【行距】下拉按钮，在弹出的下拉列表中选择【多倍行距】选项，设置行距为1.25，如图1-85所示。

06 单击【确定】按钮返回到文档中，此时即可看到所有正文的行距从单行变成了普通行距的1.25倍，效果如图1-86所示。

图1-85　设置行距

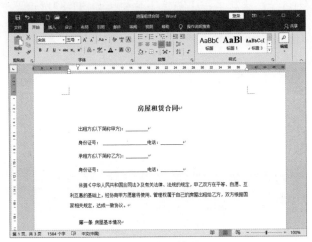

图1-86　行距效果

1.4.4　设置项目符号和编号

在Word文档中使用项目符号和编号，可以更加明确地表达内容之间的并列关系、顺序关系等，使文档条理清晰、重点突出。用户既可以在文档中添加已有的项目符号和编号，也可以自定义项目符号和编号。

1. 设置项目符号

Word拥有强大的项目符号功能，可以轻松地为列举出来的文字添加项目符号。除此之外，用户还可以自定义项目符号。

【例1-15】 为文档设置项目符号 📹视频

01 选中【房屋租赁合同】素材文档中的第一条内容，在【段落】组中单击【项目符号】下拉按钮，从弹出的面板中选择符号●，为选中的段落设置指定的项目符号，效果如图1-87所示。

02 下面自定义项目符号。再次单击【项目符号】下拉按钮，从弹出的面板中选择【定义新项目符号】选项。在打开的【定义新项目符号】对话框中单击【符号】按钮，如图1-88所示。

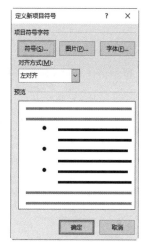

图1-87　选择项目符号后的效果　　　　　　　图1-88　【定义新项目符号】对话框

03 在打开的【符号】对话框中选择一种符号，然后单击【确定】按钮，如图1-89所示。

04 返回到【定义新项目符号】对话框，单击【确定】按钮，即可看到设置项目符号后的效果，如图1-90所示。

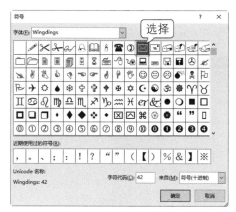

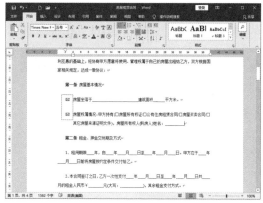

图1-89　选择一种符号　　　　　　　图1-90　更改项目符号后的效果

 提示

　　如果要将项目符号设置为图片效果，可以在【定义新项目符号】对话框中单击【图片】按钮，然后选择需要的图片作为项目符号即可。

2. 设置编号

设置编号的方法与设置项目符号类似，也就是将项目符号变成顺序排列的编号，主要用于文本中的操作步骤、主要知识点以及合同条款等。

【例1-16】 为文档设置编号

01 选中需要设置的文本，在【段落】组中单击【编号】下拉按钮，在弹出的面板中选择第一种数字编号样式，即可得到数字编号效果，如图1-91所示。

02 再次单击【编号】下拉按钮，在弹出的面板中选择【定义新编号格式】选项，在打开的对话框中可以更改编号的样式，如图1-92所示。

图1-91　选择编号样式后的效果　　　　　　　图1-92　更改编号的样式

3. 设置多级列表

为了使长文档的结构更明显、层次更清晰，可以为长文档设置多级列表。在使用多级列表展示同级文档内容时，还可展示下一级文档内容。单击【段落】组中的【多级列表】下拉按钮，在弹出的面板中可以选择多级列表样式，如图1-93和图1-94所示。

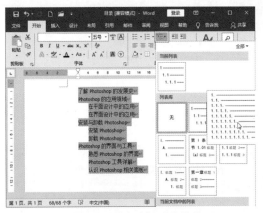

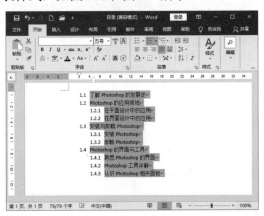

图1-93　选择多级列表样式　　　　　　　　图1-94　设置多级列表后的效果

> **提示**
>
> 要更改多级列表，可将插入点定位到需要更改列表编号的位置并右击，从弹出的快捷菜单中选择【编号】|【更改列表级别】选项，再从弹出的快下一级菜单中选择想要更改的级别即可。

1.4.5　设置换行和分页

当文字或图形填满一页时，Word会自动插入分页符，开始新的一页。如果要将一页中的文档分为多页，那么需要在特定位置插入分页符以进行分页。同样，可以通过设定分行符将一行文字分为多行。

【例1-17】 对【房屋租赁合同】进行换行和分页 🎬视频

01 将光标置于正文中的"第四条"文本之前，如图1-95所示。

02 单击【段落】组中右下角的【段落设置】按钮⛶，打开【段落】对话框。选择【换行和分页】选项卡，选中【分页】选项区域的【段前分页】复选框，如图1-96所示。

图1-95 定位光标

图1-96 设置分页方式

03 单击【确定】按钮返回到文档中，即可看到"第四条"文本以及后面的文本被分到下一页中，效果如图1-97所示。

04 将光标置于正文中的"第二条"文本中的"共"字之前，按Shift+Enter组合键，即可将光标后的文字换行到下一行中，效果如图1-98所示。

图1-97 分页效果

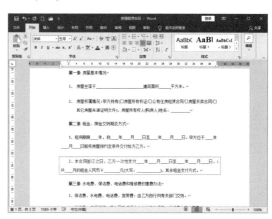

图1-98 换行效果

提示

　　按Enter键执行的是分段操作；按Shift+Enter组合键执行的则是换行操作，但并未分段。按Ctrl+Enter组合键，则可以将光标后面的文本分到下一页中。

1.4.6 复制格式

在文档编辑过程中，有时需要在多处应用同样的设置。在这种情况下，可以使用Word
提供的格式刷来复制需要的格式，从而提高工作效率。

【例1-18】使用格式刷复制文本格式

01 选择包含所需格式的文本，或将光标定位到包含所需格式的文本中，然后选择
【开始】选项卡，在【剪贴板】组中单击【格式刷】按钮，如图1-99所示。

02 此时光标变成笔刷形状，按住鼠标左键并在想要应用相同格式的文本上拖动，如
图1-100所示。

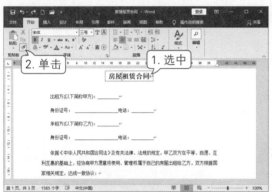

图1-99 单击【格式刷】按钮　　　　　　图1-100 选择想要应用相同格式的文本

03 释放鼠标，即可对目标文本应用复制的格式，效果如图1-101所示。

04 要想一次性将所需格式应用到多处内容，可以双击【格式刷】按钮，在复制好
所需格式后，即可将复制的格式依次应用于其他的文本，按Esc键可以停止格式的复制，效
果如图1-102所示。

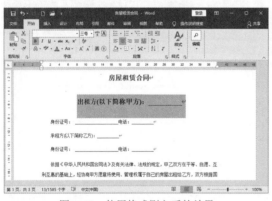

图1-101 使用格式刷之后的效果　　　　　　图1-102 为多处文本应用相同的格式

提示

在Word中使用格式刷复制格式时，还可以跨文档进行格式的复制。

1.4.7 清除格式

当文档中设置了太多格式时，用户可以清除不需要的格式，将文档恢复为默认状态。选中需要清除格式的文本，单击【字体】组中的【清除所有格式】按钮，如图1-103所示；即可清除指定文本的格式，效果如图1-104所示。

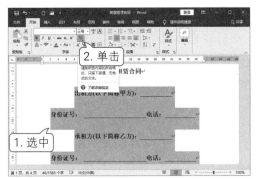

图1-103 单击【清除所有格式】按钮 　　　　图1-104 清除格式后的效果

1.5 制作【招生简章】

招生简章是学生了解学校和进行报考的重要依据，里面提供的都是一些较为可信的院校信息。本节以制作【招生简章】为例，讲解Word中文本的移动、复制、替换等编辑操作，效果如图1-105所示。

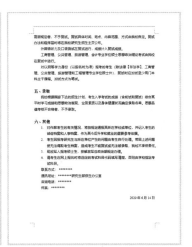

图1-105 实例效果

1.5.1 移动和复制文本

在制作长文档的过程中，通常会遇到移动文本、复制文本、查找和替换文本、删除文本等操作。下面介绍如何移动和复制文本。

1. 移动文本

移动文本是指将文本从一个位置移到另一个位置。移动文本时，通常可以使用如下3种方法。

- ○ 选中文本，在【开始】选项卡中单击【剪贴板】组中的【剪切】按钮✂，然后将光标定位到需要粘贴文本的位置，再单击【粘贴】按钮📋，即可将选中的文本移到指定的位置。
- ○ 选中文本，按Ctrl+X组合键进行剪切，然后将光标定位到需要粘贴文本的位置，再按Ctrl+V组合键进行粘贴即可。
- ○ 选中文本，直接将文本拖到指定的位置即可。

【例1-19】 移动文本内容 🎬视频

01 打开【招生简章】素材文档，选中第一条内容作为将要移动的文本。然后在【开始】选项卡的【剪贴板】组中单击【剪切】按钮✂或按Ctrl+X组合键，如图1-106所示。

02 将光标定位到第三条内容的前面，作为想要把文本移到的目标位置。然后单击【剪贴板】组中的【粘贴】按钮📋或按Ctrl+V组合键，即可将文本粘贴到新的位置，如图1-107所示。

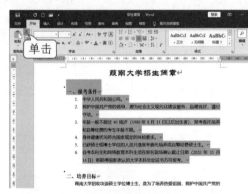

图1-106　剪切文本

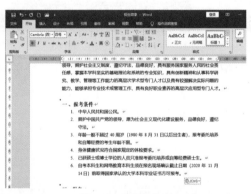

图1-107　粘贴文本

提示

在粘贴文本时，单击【粘贴】下拉按钮📋，可以在弹出的菜单中选择粘贴方式，包括【保留源格式】【合并格式】【只保留文本】【设置默认粘贴】等。

2. 复制文本

复制文本是指将文本从一个位置移到另一个位置，而原来位置的文本仍然存在。通过复制文本，可以快速完成一段文本的重复输入，从而极大提高了工作效率。复制文本时，通常可以使用如下3种方法。

- ○ 选中文本，在【开始】选项卡中单击【剪贴板】组中的【复制】按钮🗐，然后将光标定位到需要粘贴文本的位置，再单击【粘贴】按钮📋，即可将选中的文本复制到指定的位置即可。

○ 选中文本，按Ctrl+C组合键进行复制，然后将光标定位到需要粘贴文本的位置，再按Ctrl+V组合键进行粘贴。

○ 选中文本，在按住Ctrl键的同时，将文本拖到指定的位置即可。

【例1-20】复制文本内容 视频

01 选中需要复制的文本，在【开始】选项卡中单击【剪贴板】组中的【复制】按钮，或按Ctrl+C组合键，如图1-108所示。

02 此时所选文本已经被复制到剪贴板中，将插入点定位到需要粘贴文本的位置，然后单击【剪贴板】组中的【粘贴】按钮，或按Ctrl+V组合键，即可完成文本的复制，效果如图1-109所示。

图1-108　复制文本

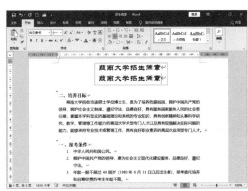

图1-109　粘贴文本

1.5.2 删除文本

如果需要删除文档中不需要的文本，那么可以首先选中它们，然后按Delete键或Backspace键，即可将选中的文本删除。

【例1-21】删除多余文本

01 选中需要删除的文本，比如图1-110所示的标题文字。然后按Delete键即可将它们删除，如图1-111所示。

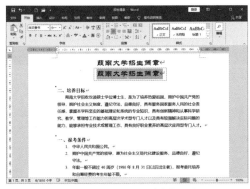

图1-110　选中想要删除的文本

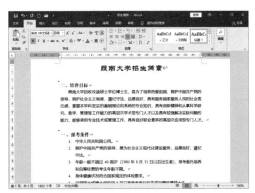

图1-111　删除效果

02 将光标定位到编号文本"一"的后面，然后按Backspace键，即可将光标前面的编号文本删除，后面的编号文本将自动重新编号，效果如图1-112所示。

03 键入编号文本"一"，然后使用同样的方法将下方自动重新编号的编号文本"一"删除，键入新的编号文本"二"，效果如图1-113所示。

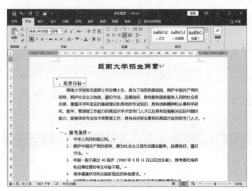

图1-112　删除编号文本

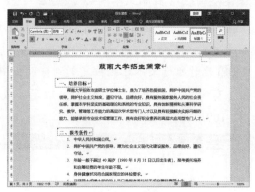

图1-113　修改编号文本

1.5.3 查找和替换文本

在输入完一篇较长的文档后，我们发现把某个重要的词语全部输错了。如果逐个进行修改，那么需要花费大量的时间和精力，这时使用查找和替换功能就可以很快解决这个问题。在Word文档中，不仅可以搜索指定的文本，还可以将搜索到的文本替换成所要修改的内容。

1. 查找文本

使用Word的查找功能可以在文档中查找中文、英文、数字、标点符号等任意字符，包括查找它们是否出现在文本中，以及它们在文本中出现的具体位置。

【例1-22】 查找文档中的文本 📹视频

01 选择【开始】选项卡，在【编辑】组中单击【查找】按钮或按Ctrl+F组合键，如图1-114所示。

02 此时文档左侧将显示【导航】窗格，在搜索框中输入想要搜索的文本"博士生"，查找出来的文字会以黄色底纹显示，如图1-115所示(这里由于印刷原因，查找出来的文字是以灰色底纹显示的)。

图1-114　单击【查找】按钮

图1-115　查找到的文本

2. 替换文本

在Word中，替换文本是指将文档中查找到的字、词、句或段落修改为另一个字、词、句或段落。

【例1-23】替换文档中的文本 视频

01 选择【开始】选项卡，在【编辑】组中单击【替换】按钮或按Ctrl+H组合键，如图1-116所示。

02 打开【查找和替换】对话框，分别输入想要查找的文本和需要替换的文本，如图1-117所示。

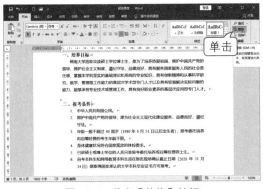

图1-116　单击【替换】按钮

图1-117　【查找和替换】对话框

03 单击【查找下一处】按钮，可以查找指定的内容；单击【替换】按钮，可以将查找到的文本替换为指定的文本，如图1-118所示。

04 单击【全部替换】按钮，可以一次性将所有指定的内容全部替换，系统将弹出提示框，提示Word已完成对文档的替换，然后单击【确定】按钮即可，如图1-119所示。

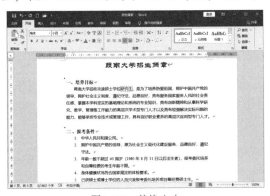

图1-118　替换文本

图1-119　提示框

> 在【查找和替换】对话框的【查找内容】文本框中输入指定的文本内容；在【替换为】文本框中不输入任何内容，单击【全部替换】按钮，可以将文档中指定的文本内容全部删除。

1.5.4 撤销和恢复

在输入文本或编辑文档时，Word会自动记录执行过的每一步操作。如果执行了错误的操作，那么可以通过撤销功能将错误的操作撤销。撤销操作主要有如下几种。

- 单击【快速访问】工具栏中的【撤销】按钮可撤销上一步操作，连续单击该按钮可以撤销最近执行过的多步操作。
- 单击【撤销】按钮右侧的下拉按钮，在弹出的面板中可以选择想要撤销的操作。
- 按Ctrl+Z组合键可撤销最近一步操作，连续按Ctrl+Z组合键可撤销多步操作。

在执行撤销操作后，要想恢复以前所做的修改，可以使用恢复功能来恢复操作。恢复操作主要有以下几种。

- 单击【快速访问】工具栏中的【恢复】按钮可恢复撤销的上一步操作，连续单击该按钮可恢复最近撤销过的多步操作。
- 单击【恢复】按钮右侧的下拉按钮，在弹出的面板中可以选择想要恢复的操作。
- 按Ctrl+Y组合键可恢复最近撤销的一步操作，连续按Ctrl+Y组合键可恢复撤销的多步操作。

1.6 查看【工作实施方案】

文档视图决定了文档的显示方式。在Word中，用户可根据自己的需要设置不同的视图方式，以方便对文档进行查看。本节以查看【工作实施方案】为例，讲解文档视图的操作方法。

1.6.1 认识文档视图

Word提供了5种视图方式，包括页面视图、阅读视图、Web版式视图、大纲视图和草稿视图。单击【视图】选项卡，在【视图】组中单击视图模式按钮，即可切换到指定的视图。

- 页面视图：在页面视图下，看到的内容和最后打印出来的结果几乎完全一样。在对文档进行各种操作时，比如添加页眉、页脚等附加内容，都应在页面视图下进行。图1-120所示为文档的页面视图效果。
- 阅读视图：在阅读视图下，可在屏幕上分左右两页显示文档的内容，从而使文档阅读起来清晰、直观。进入阅读视图后，按Esc键，即可返回页面视图。图1-121所示为阅读视图效果。

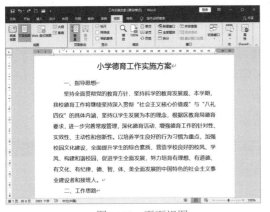

图1-120　页面视图　　　　　　　　　　图1-121　阅读视图

○ Web版式视图：Web版式视图以网页的形式显示文档的内容，效果就像在浏览器中显示文档一样。如果需要使用Word编辑网页，就应在Web版式视图下进行，因为只有在Web版式视图下才能完整显示网页的编辑效果。图1-122所示为Web版式视图效果。

○ 大纲视图：大纲视图比较适合层次较多的文档。在大纲视图下，用户不仅可以查看文档的结构，还可以通过拖动标题来移动、复制和重新组织文本。图1-123所示为大纲视图效果。

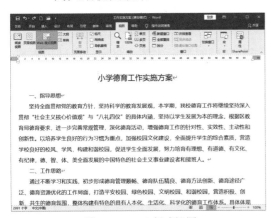
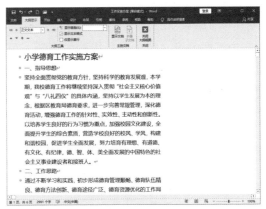

图1-122　Web版式视图　　　　　　　　图1-123　大纲视图

提示

　　在大纲视图下，可通过折叠文档来查看主要标题，也可展开文档以查看所有标题和正文。方法如下：首先将光标放在需要折叠的级别前，然后在【大纲显示】选项卡中单击【折叠】按钮 ━，单击一次就折叠一级；要重新显示文本，单击【展开】按钮 ✚ 即可。

○ 草稿视图：草稿视图取消了页面边距、分栏、页眉/页脚和图片等元素，仅显示标题和正文，是最节省计算机系统硬件资源的视图方式。当然，现在计算机系统的硬件配置都比较高，基本上不存在由于硬件配置偏低而使Word运行遇到障碍的问题。

1.6.2 导航窗格

导航窗格用于显示Word文档的标题大纲，通过单击导航窗格中的标题，用户不仅可以展开或收缩下一级标题，而且可以快速定位到标题对应的正文内容，甚至可以显示Word文档的缩略图。在【视图】选项卡的【显示】组中，选中【导航窗格】复选框就可以显示导航窗格，如图1-124所示；取消【导航窗格】复选框可以隐藏导航窗格，如图1-125所示。

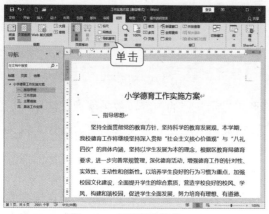

图1-124　显示导航窗格

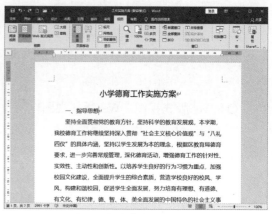

图1-125　隐藏导航窗格

1.6.3 视图显示比例

为了在编辑文档时观察得更加清晰，可以调整文档的显示比例，将文档中的内容放大或缩小。这里的放大并不是将文字或图片本身放大，而是在视觉上变大，打印文档时仍然采用原始大小。设置视图显示比例的常用方法有如下两种。

- 在文档右下角的状态栏中拖动【缩放】滑块，或者单击【缩放】滑块两侧的加号或减号，即可调节视图的显示比例，如图1-126所示。
- 选择【视图】选项卡，在【缩放】组中单击【缩放】按钮 🔍，打开【缩放】对话框，如图1-127所示。在【显示比例】选项区域选择需要的比例，或者调节【百分比】微调框中的值，即可调节视图的显示比例。

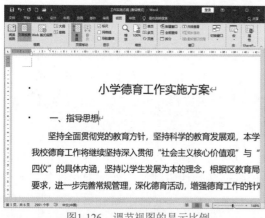

图1-126　调节视图的显示比例

图1-127　【缩放】对话框

1.7 案例演练——制作【劳动合同】 视频

本节将通过制作【劳动合同】文档，帮助读者进一步加深对本章知识的理解程度，最终效果如图1-128所示。

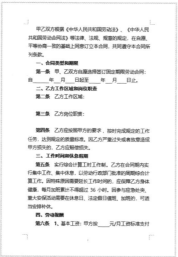
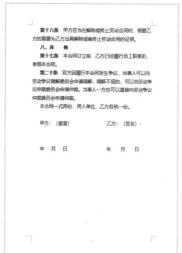

图1-128　案例最终效果

01 启动Word，新建一个Word空白文档，然后另存为【劳动合同】文档，如图1-129所示，再将光标定位到文档编辑区。

02 按Enter键将光标定位到第2行，然后输入"劳动合同书"，设置字体为【方正黑体简体】、字号为【小初】、字形为【加粗】、对齐方式为【居中】，效果如图1-130所示。

图1-129　新建和保存文档

图1-130　输入并设置标题文本

03 按两次Enter键，将光标定位到第5行，然后输入"甲方(用人单位)名称："，设置字体为【仿宋_GB2312】、字号为【三号】、字形为【加粗】、对齐方式为【左对齐】，效果如图1-131所示。

04 将光标定位到"甲方(用人单位)名称："文字的后面，然后单击【字体】组中的【下画线】按钮 U，再连续按空格键输入空格，绘制一条下画线，效果如图1-132所示。

图1-131　输入并设置文本

图1-132　绘制下画线

05 使用同样的方法输入其他封面文本，然后设置文本格式，效果如图1-133所示。

06 打开【劳动合同内容】素材文档，按Ctrl+A组合键全选文档内容，再按Ctrl+C组合键进行复制，如图1-134所示。

图1-133　输入并设置其他封面文本

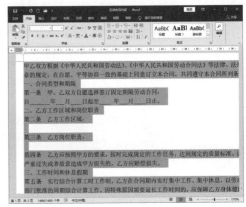

图1-134　全选并复制文本

07 切换到【劳动合同】文档中，按Enter键将光标定位到第2页，然后按Ctrl+V组合键粘贴复制的内容。选中全部文本，设置字体为【仿宋_GB2312】、字号为【三号】，效果如图1-135所示。

08 选中全部文本，在【段落】组中单击【段落设置】按钮，打开【段落】对话框，设置【首行】的缩进值为0.95厘米，设置【行距】的固定值为28磅，如图1-136所示。

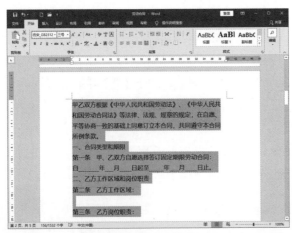

图1-135　设置文本格式

图1-136　设置段落格式

09 选中"一、合同类型和期限"文本，设置字体为【黑体】、字号为【三号】、字形为【加粗】，效果如图1-137所示。

10 双击【格式刷】按钮，将设置的文本格式复制到其他对应的条款文本上，效果如图1-138所示。

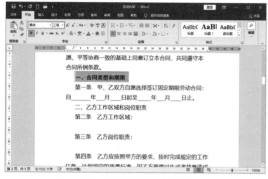

图1-137 设置指定文本的格式

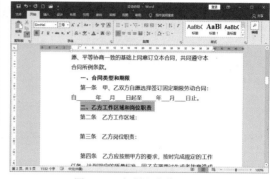

图1-138 复制文本格式(一)

11 选中"第一条"文本，设置字形为【加粗】，效果如图1-139所示。

12 单击【格式刷】按钮，将设置的文本格式复制到其他对应的条款编号文本上，效果如图1-140所示。

13 单击【快速访问】工具栏中的【保存】按钮，对文档进行保存。

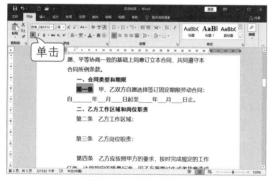

图1-139 加粗文本

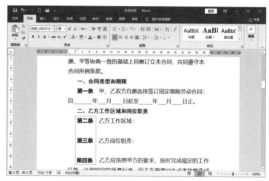

图1-140 复制文本格式(二)

第2章
图文混排

Word除了拥有强大的文本处理功能之外，还拥有便捷的图文混排功能。在文档中插入图片类型的对象后，通过设置图片格式，可以使图文合理地编排在文档中，从而使阅读者不仅能清晰地了解文档内容，而且还能享受视觉上的美感。本章将详细介绍在Word中进行图文混排的相关操作，包括插入与编辑图片、插入艺术字、应用文本框、插入自选图形、插入和修改SmartArt图形等内容。

 本章重点

- 插入图片
- 编辑图片
- 插入艺术字
- 在文档中应用文本框
- 插入自选图形
- 插入SmartArt图形
- 更改SmartArt布局
- 应用SmartArt图形样式

 二维码教学视频

【例2-1】在文档中添加页面背景图片
【例2-2】在文档中插入图片
【例2-3】调整图片大小
【例2-4】调整图片方向
【例2-5】设置图片的环绕方式
【例2-6】裁剪图片
【例2-7】设置图片样式
【例2-8】设置图片效果
【例2-9】在文档中插入艺术字
【例2-10】在文档中插入文本框
【例2-11】在文档中插入图形
【例2-12】设置图形样式
【例2-13】在箭头图形中添加文字
【例2-14】在文档中插入SmartArt图形
【例2-15】添加图形和更改图形布局
【例2-16】设置SmartArt图形样式
案例演练——制作【工程建设项目工作流程图】
案例演练——制作【组织结构图】

2.1 制作【简历封面】

简历封面是简历的门面，反映了个人的喜好和素养。本节以制作【简历封面】为例，讲解Word在图文混排方面的应用，包括插入图片、修改图片、插入文本框和艺术字等，最终效果如图2-1所示。

图2-1 实例效果

2.1.1 插入图片

在Word中进行图文编辑时，用户可以将计算机中的图片插入文档中，这样不仅可以起到修饰作用，还可以突出主题效果。

1. 插入页面背景图片

默认状态下，Word文档中的页面背景由于没有设置颜色，因此显示为白色。如果想要有点新意，用户可以为文档设置喜欢的页面背景图片。下面介绍在Word文档中添加页面背景图片的方法。

【例2-1】 在文档中添加页面背景图片 视频

01 新建一个空白文档，然后命名为"简历封面"。

02 在功能区选择【设计】选项卡，然后单击【页面背景】组中的【页面颜色】下拉按钮，在弹出的面板中选择【填充效果】选项，如图2-2所示。

03 在打开的【填充效果】对话框中选择【图片】选项卡，然后单击【选择图片】按钮，如图2-3所示。

图2-2 选择【填充效果】选项

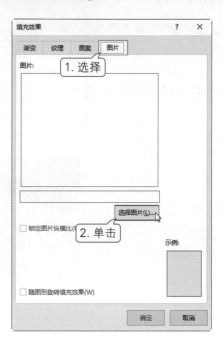

图2-3 【填充效果】对话框

04 在打开的【插入图片】对话框中单击【从文件】选项右侧的【浏览】按钮，如图2-4所示。

05 在打开的【选择图片】对话框中选择图片的保存位置，然后选择一张名为"背景"的图片，再单击【插入】按钮，如图2-5所示。

图2-4 单击【浏览】按钮

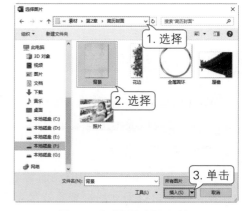

图2-5 【选择图片】对话框

06 返回到【填充效果】对话框中，单击【确定】按钮，如图2-6所示，即可将选择的图片作为页面背景插入文档中，效果如图2-7所示。

提示　将图片作为页面背景添加到文档中之后，用户在进行文字和文档图片编辑时，将不会影响到页面背景图片。如果要删除页面背景图片，再次单击【页面颜色】下拉按钮，从弹出的面板中选择【无颜色】选项即可。

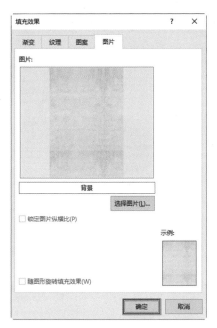

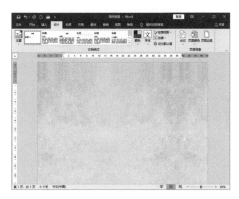

图2-6 单击【确定】按钮 　　　　　　　　图2-7 插入背景图片

2. 在文档中插入图片

前面介绍的页面背景图片只能作为页面的背景，而不能作为文档中的图片进行编辑。下面举例说明如何在文档中插入图片。

【例2-2】 在文档中插入图片 🎬视频

01 选择【插入】选项卡，在【插图】组中单击【图片】下拉按钮，然后选择【此设备】选项，如图2-8所示。

02 在打开的【插入图片】对话框中选择一张名为"屋檐"的图片，然后单击【插入】按钮，如图2-9所示。

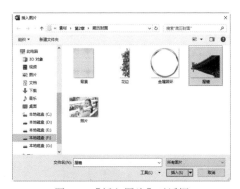

图2-8 选择【此设备】选项 　　　　　　　图2-9 【插入图片】对话框

03 返回到文档中，此时可以看到选择的图片已经被插入文档中，如图2-10所示。

04 选择插入的图片，然后单击图片右上角的【布局选项】按钮，在弹出的面板中选择【浮于文字上方】选项 🔲，如图2-11所示。

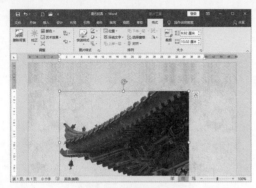

图2-10　插入图片

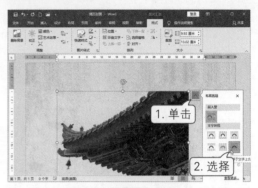

图2-11　设置图片布局

> **提示**
>
> 在【插图】组中单击【屏幕截图】下拉按钮，在弹出的面板中选择【屏幕剪辑】选项，可以截取屏幕并将截取的图片插入文档中。

2.1.2　编辑图片

在将图片插入文档中以后，用户还需要根据实际情况对图片进行编辑，如调整图片的大小和方向、设置图片与文字的环绕方式、设置图片的色彩和色调等。

1. 调整图片大小

插入文档中的图片，往往大小都不同，所以当用户将图片插入文档中之后，图片大小一般都不符合排版要求，这就需要用户自行对图片大小进行编辑。

选择需要调整大小的图片，将光标指向边框上的控制点，当光标变成横向或纵向箭头时，按住并拖动鼠标，即可调整图片的高度或宽度；当光标变成斜向或双向箭头时，按住并拖动鼠标，即可等比例调整图片大小。

【例2-3】 调整图片大小 视频

01 选择插入的图片，将光标指向边框右下角的控制点，此时光标变成斜向箭头，如图2-12所示。

02 按住并向左上方拖动鼠标，即可调整图片大小，如图2-13所示。

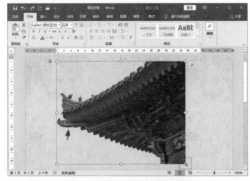

图2-12　光标变成斜向箭头

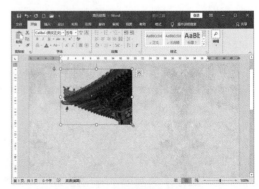

图2-13　调整图片大小

提示

在有些文档中，可能需要将图片调整为相同的宽度或高度，此时就需要进行精确的参数设置。选中想要修改的图片，然后选择【格式】选项卡，在【大小】组中，通过【高度】微调框可以精确调整图片的高度，通过【宽度】微调框可以精确调整图片的宽度，如图2-14所示。另外，单击【大小】组中的【设置自选图形格式：大小】按钮，在打开的【设置图片格式】对话框中也可以精确调整图片的高度和宽度，如图2-15所示。

图2-14 调整图片的高度和宽度

图2-15 【设置图片格式】对话框

2. 调整图片方向

将图片插入文档中之后，有时为了让文档看起来更美观或凸显个性，需要将图片旋转特定的角度。

【例2-4】 调整图片方向 📹视频

01 选择已插入文档中的"屋檐"图片，单击功能区中的【格式】选项卡，然后在【排列】组中单击【旋转】下拉按钮，在弹出的面板中选择【水平翻转】选项，如图2-16所示，图片水平翻转后的效果如图2-17所示。

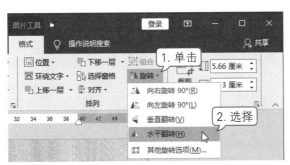

图2-16 选择【水平翻转】选项

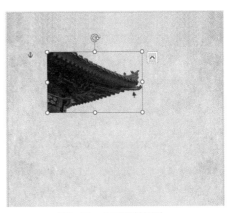

图2-17 水平翻转图片

02 将"屋檐"图片拖动到页面的左上角，效果如图2-18所示。

03 在文档中插入"花边"图片，然后适当调整这张图片的大小，效果如图2-19所示。

图2-18　调整图片的位置　　　　图2-19　插入并调整"花边"图片

04 选择已插入文档中的"花边"图片，单击功能区中的【格式】选项卡，然后在【排列】组中单击【旋转】下拉按钮，在弹出的面板中选择【向右旋转90°】选项，如图2-20所示，图片向右旋转90°后的效果如图2-21所示。

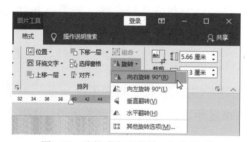

图2-20　选择【向右旋转90°】选项　　　　图2-21　旋转图片

选中图片后，图片上方的中间位置将出现旋转点图标 ，将光标移到图片的旋转点图标上，按住鼠标左键并拖动即可快速调整图片的旋转角度。

3. 设置图片与文字的环绕方式

默认情况下，图片是以嵌入方式插入文档中的，这使得图片和文字一样，只能在文字区域内移动，这时可以通过设置图片与文字的环绕方式，从而方便我们调整它们的位置。图片与文字的环绕方式包括四周型环绕、紧密型环绕、穿越型环绕、上下型环绕、衬于文字下方和浮于文字上方这几种。

○ 四周型环绕：图片周围环绕着文字，并且图片的四周与文字保持固定的距离，效果如图2-22所示。

○ 紧密型环绕：文字密布在图片的周围，图片被文字紧紧包围，这和四周型环绕有一定的相似性，但采用紧密型环绕的图片周围文字更密集，效果如图2-23所示。

图2-22　四周型环绕

图2-23　紧密型环绕

○ 穿越型环绕：文字将穿越图片进行排列，得到的图文混排效果如图2-24所示。

○ 上下型环绕：文字将排列于图片上下，左右两侧没有文字，效果如图2-25所示。

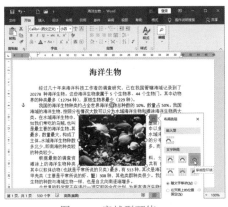

图2-24　穿越型环绕

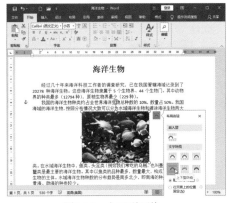

图2-25　上下型环绕

○ 衬于文字下方：文字的版式不变，图片位于文字的下方，图片被文字遮盖，效果如图2-26所示。

○ 浮于文字上方：与"衬于文字下方"正好相反，图片位于文字的上方，从而将文字遮盖住，效果如图2-27所示。

> **提示**
>
> 　　设置图片环绕方式的方法有两种。一种是选择图片，然后单击图片右上角的【布局选项】按钮进行设置。另一种是选择【格式】选项卡，单击【排列】组中的【环绕文字】下拉按钮，在弹出的面板中进行设置。

图2-26 衬于文字下方

图2-27 浮于文字上方

【例2-5】 设置图片的环绕方式 📹 视频

01 选择已插入文档中的"花边"图片，然后选择【格式】选项卡，在【排列】组中单击【环绕文字】下拉按钮，在弹出的面板中选择【浮于文字上方】选项，如图2-28所示。

02 向下拖动"花边"图片，拖至页面的底部，使其下边缘与页面边缘对齐，效果如图2-29所示。

图2-28 设置图片的环绕方式

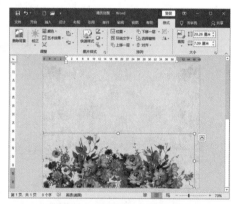

图2-29 移动"花边"图片

03 插入"金属圆环"和"照片"图片，如图2-30所示。

04 选择"金属圆环"图片，单击图片右上角的【布局选项】按钮，在弹出的面板中选择【浮于文字上方】选项，如图2-31所示。

图2-30 插入两张图片

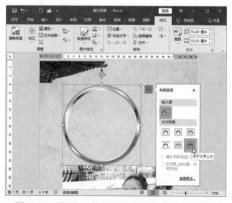

图2-31 设置"金属圆环"图片的环绕方式

05 选择"照片"图片,单击图片右上角的【布局选项】按钮，在弹出的面板中选择【浮于文字上方】选项，如图2-32所示。

06 分别拖动"金属圆环"和"照片"图片,调整它们的位置,如图2-33所示。

图2-32 设置"照片"图片的环绕方式

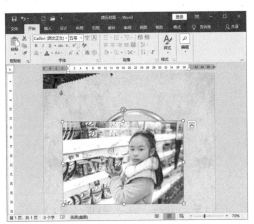

图2-33 调整"金属圆环"和"照片"图片的位置

提示

　　将图片的环绕方式设置为"衬于文字下方"后,如果图片完全位于文档中,那么必须单击【开始】选项卡的【编辑】组中的【选择】下拉按钮,并从弹出的面板中选择【选择对象】选项,才能对图片进行选择操作。

4. 裁剪图片

在文档中插入一张图片后,如果图片中存在多余的区域,那么可以通过裁剪功能将多余的图片部分裁剪掉。

【例2-6】 裁剪图片 视频

01 选择已插入文档中的"照片"图片,然后选择【格式】选项卡,单击【大小】组中的【裁剪】下拉按钮,在弹出的面板中选择【裁剪】选项,如图2-34所示。

02 向右拖动图片的左边框,可以对左边缘进行裁剪,如图2-35所示

图2-34 选择【裁剪】选项

图2-35 裁剪图片的左边缘

03 向内拖动图片的上边框、右边框和下边框，继续对图片边缘进行裁剪，如图2-36所示。

04 在其他位置单击，即可完成图片的裁剪操作，效果如图2-37所示。

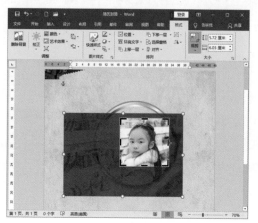

图2-36 进一步裁剪图片

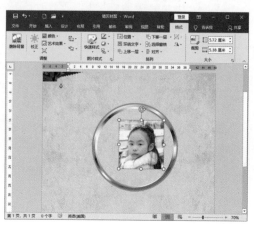

图2-37 裁剪效果

> **提示**
>
> 单击【裁剪】下拉按钮后，在弹出的面板中，如果选择【裁剪】选项，那么可以对图片进行自由裁剪；如果选择【裁剪为形状】选项，那么可以从弹出的子面板中选择一种形状，将图片自动裁剪为相应的样式；如果选择【纵横比】选项，那么可以从弹出的子面板中选择各种比例的裁剪方式。

5. 设置图片样式

有了图片样式，我们便能够制作出专业的图像效果，包括渐变、颜色、边框、形状和底纹等多种效果。

【例2-7】 设置图片样式 视频

01 选择已插入文档中的"照片"图片，然后选择【格式】选项卡，单击【图片样式】组中的样式下拉按钮，在弹出的面板中选择【棱台形椭圆，黑色】选项，如图2-38所示。

02 向右拖动图片的左边框，可以对图片的左边缘进行裁剪，得到的效果如图2-39所示。

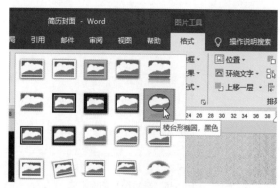

图2-38 选择图片样式

图2-39 棱台形椭圆样式的图片效果

03 拖动"照片"图片的边框，将图片适当放大，如图2-40所示。

04 将"照片"图片移到"金属圆环"图片的内部，效果如图2-41所示。

图2-40　调整图片大小

图2-41　调整图片位置

05 单击【图片样式】组中的【图片边框】下拉按钮，在弹出的面板中选择【深红】作为图片的边框颜色，如图2-42所示，效果如图2-43所示。

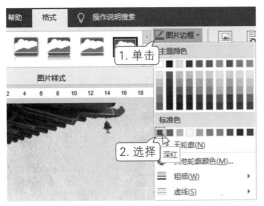

图2-42　选择边框颜色

图2-43　边框效果(一)

06 单击【图片样式】组中的【图片边框】下拉按钮，在弹出的面板中选择【粗细】|【1磅】选项，如图2-44所示，效果如图2-45所示。

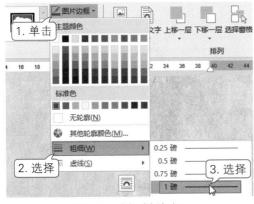

图2-44　选择边框粗细

图2-45　边框效果(二)

07 单击【图片样式】组中的【图片效果】下拉按钮，在弹出的面板中选择【阴影】|【无阴影】选项，如图2-46所示，效果如图2-47所示。

图2-46　取消图片阴影

图2-47　图片效果

08 选择"金属圆环"图片，单击【图片样式】组中的【图片效果】下拉按钮，在弹出的面板中选择【阴影】|【偏移：下】选项，如图2-48所示，得到的阴影效果如图2-49所示。

图2-48　选择阴影

图2-49　阴影效果

09 单击【图片样式】组中右下角的【设置图片格式】按钮，在打开的【设置图片格式】窗格中设置阴影的【模糊】值为18磅、【距离】值为8磅，如图2-50所示，调整后的阴影效果如图2-51所示。

图2-50　设置阴影参数

图2-51　调整后的阴影效果

6. 设置图片效果

在将图片插入文档中之后，还可以根据需要设置图片的亮度和对比度以改善图片的显示效果。

【例2-8】 设置图片的效果 📹视频

01 选择已插入文档中的"屋檐"图片，然后选择【格式】选项卡，在【调整】组中单击【颜色】下拉按钮，在弹出的面板中选择【饱和度：66%】选项，如图2-52所示，图片饱和度降低后的效果如图2-53所示。

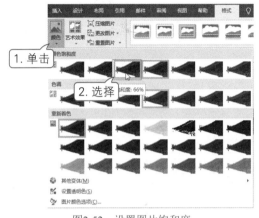

图2-52 设置图片饱和度

图2-53 图片饱和度降低后的效果

02 在【调整】组中单击【艺术效果】下拉按钮，在弹出的面板中选择【蜡笔平滑】选项，如图2-54所示，添加的艺术效果如图2-55所示。

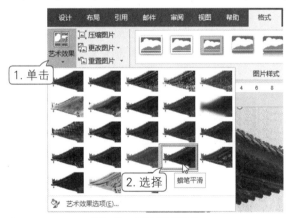

图2-54 设置艺术效果

图2-55 得到的艺术效果

2.1.3 插入艺术字

艺术字是具有特殊效果的文字，如阴影、斜体、旋转、拉伸等效果，这些效果能使文字更加生动。用户在文档中插入艺术字之后，可以对艺术字的效果进行设置。

【例2-9】 在文档中插入艺术字 📹视频

01 单击【插入】选项卡，在【文本】组中单击【艺术字】下拉按钮，在弹出的面板中选择如图2-56所示样式的艺术字，即可在文档中插入所选样式的艺术字，如图2-57所示。

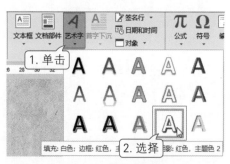

图2-56　选择艺术字

图2-57　插入艺术字

02 单击艺术字右上角的【布局选项】按钮，然后在弹出的【布局选项】面板中设置艺术字的环绕方式为【浮于文字上方】，如图2-58所示。

03 删除默认的文字，然后重新输入艺术字的文本内容，如图2-59所示。

图2-58　设置艺术字的环绕方式

图2-59　重新输入艺术字的文本内容

04 选择【开始】选项卡，然后在【字体】组中设置艺术字的字体为【黑体】、字号为50，如图2-60所示，效果如图2-61所示。

图2-60　设置艺术字的字体和字号

图2-61　得到的艺术字效果

05 选择【格式】选项卡，在【艺术字样式】组中单击【文本效果】下拉按钮，在弹出的面板中选择【发光】选项，在展开的子面板中选择如图2-62所示的发光效果。

06 向下适当移动艺术字，调整艺术字的位置，效果如图2-63所示。

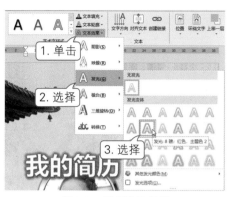

图2-62　设置发光效果　　　　　　　　图2-63　调整艺术字的位置

> **提示**
>
> 　　除了直接插入艺术字之外，用户还可以将文档中已有的文字设置为艺术字。选择需要的文本，在【插入】选项卡的【文本】组中单击【艺术字】下拉按钮，在弹出的面板中选择合适的艺术字样式即可。

2.1.4　在文档中应用文本框

　　文本框可以将文本和图形组织在一起，还可以将某些文字排列在其他文字或图形的周围，甚至在文档的边缘打印侧标题和附注。用户可以根据需要插入横排文本框或竖排文本框，然后在其中输入文字或添加图片，图2-64和图2-65分别展示了使用横排文本框和竖排文本框的效果。

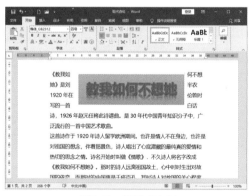

图2-64　横排文本框　　　　　　　　　图2-65　竖排文本框

【例2-10】在文档中插入文本框 📹视频

　　01 单击【插入】选项卡，在【文本】组中单击【文本框】下拉按钮，在弹出的面板中选择【简单文本框】选项，如图2-66所示。此时，系统会在文档中插入一个样式十分简单的文本框，如图2-67所示。

图2-66　选择文本框样式　　　　　　　　　　图2-67　插入文本框

> **提示**
>
> 　　将光标移到文本框的边缘，当光标变成十字形状时，按住鼠标左键并拖动可以调整文本框的位置，拖动文本框四周的控制点可以调整文本框的高度和宽度。

02 向下适当调整文本框的位置，如图2-68所示。

03 删除文本框中默认的文字，重新输入文本内容，如图2-69所示。

图2-68　调整文本框的位置　　　　　　　　　图2-69　重新输入文本内容

> **提示**
>
> 　　与图片一样，用户也可以对文本框的位置进行设置。默认情况下，插入的文本框采用的是四周型环绕方式，用户可以在文档中方便地调整文本框的位置。

04 选择【开始】选项卡，然后在【字体】组中设置文本框中文字的字体为【黑体】、字号为28、颜色为【深红】，如图2-70所示，效果如图2-71所示。

图2-70 设置文字的字体、字号和颜色

图2-71 文字效果(一)

05 在【段落】组中设置文字的对齐方式为居中，如图2-72所示，效果如图2-73所示。

图2-72 设置文字的对齐方式

图2-73 文字效果(二)

06 选择【格式】选项卡，在【形状样式】组中单击【形状填充】下拉按钮，在弹出的面板中选择【无填充】选项，如图2-74所示，文本框去掉填充颜色后的效果如图2-75所示。

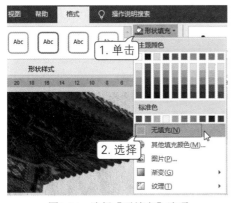

图2-74 选择【无填充】选项

图2-75 文本框去掉填充颜色后的效果

07 在【形状样式】组中单击【形状轮廓】下拉按钮，在弹出的面板中选择【无轮廓】选项，如图2-76所示，文本框去掉轮廓后的效果如图2-77所示。

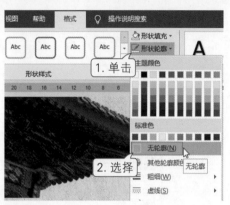

图2-76 选择【无轮廓】选项

图2-77 文本框去掉轮廓后的效果

> **提示**
>
> 　　默认情况下，文本框的轮廓颜色为黑色，填充颜色为白色，用户可以根据需要修改文本框的轮廓颜色和填充颜色。

2.1.5　插入自选图形

在文档编辑过程中，可以插入一些自选图形以增强文档的效果。选择【插入】选项卡，单击【插图】组中的【形状】下拉按钮，在弹出的面板中可以选择各式各样的图形，包括线条、基本形状、箭头总汇、流程图、标注、星与旗帜等，如图2-78所示，图2-79展示了绘制的燕尾形箭头图形。

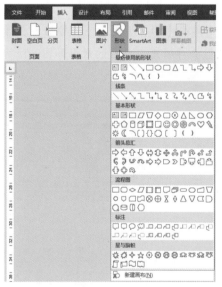

图2-78 可插入的各式各样的图形

图2-79 燕尾形箭头图形

1. 插入图形

Word中的自选图形是一些现成的图形，如矩形、箭头、圆和线条等。用户可以根据需要插入图形，并对图形样式进行修改，从而使文档内容更直观。

【例2-11】 在文档中插入图形 📹视频

01 选择【插入】选项卡，在【插图】组中单击【形状】下拉按钮，在弹出的面板中选择【直线】选项，如图2-80所示。

02 在文档中按住鼠标左键并拖动，绘制一条直线，如图2-81所示。

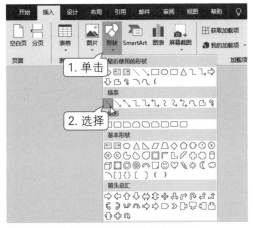

图2-80 选择【直线】选项　　　　　　　　图2-81 绘制直线

03 在【插图】组中单击【形状】下拉按钮，在弹出的面板中选择【任意多边形：形状】选项，如图2-82所示。

04 在文档中按住鼠标左键并拖动，绘制大雁图形，如图2-83所示。

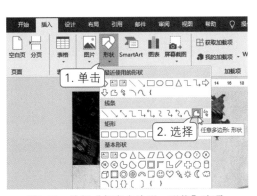

图2-82 选择【任意多边形：形状】选项　　　　图2-83 绘制大雁图形

2. 设置图形样式

用户可以像设置图片样式一样为插入的图形设置样式，以达到美化文档的效果。

【例2-12】 设置图形样式 📹视频

01 选中大雁图形，然后选择【格式】选项卡，单击【形状样式】组中的【形状轮廓】下拉按钮，在弹出的面板中选择【无轮廓】选项，如图2-84所示，效果如图2-85所示。

图2-84　设置形状轮廓

图2-85　取消形状轮廓

02 单击【形状样式】组中的【形状填充】下拉按钮，在弹出的面板中选择【深红】，如图2-86所示，图形填充效果如图2-87所示。

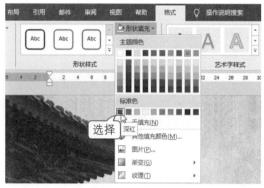

图2-86　设置形状填充

图2-87　图形填充效果

03 按住Ctrl键，然后拖动大雁图形，将其复制两次，效果如图2-88所示。

04 选中所有的大雁图形，然后右击，在弹出的快捷菜单中选择【组合】|【组合】命令，将所有大雁图形组合在一起，效果如图2-89所示。

图2-88　复制大雁图形

图2-89　组合图形

05 选中直线，然后选择【格式】选项卡，单击【形状样式】组中的【形状轮廓】下拉按钮，在弹出的面板中设置直线为深红色，然后选择【粗细】|【2.25磅】选项，如图2-90所示，效果如图2-91所示。

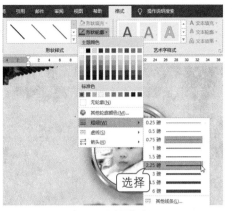

图2-90 设置粗细

图2-91 直线加粗效果

06 单击【形状轮廓】下拉按钮,在弹出的面板中选择【虚线】|【短画线】选项,如图2-92所示,效果如图2-93所示。

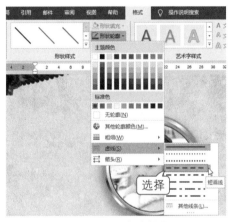

图2-92 选择虚线样式

图2-93 虚线效果

07 单击【形状轮廓】下拉按钮,在弹出的面板中选择【箭头】|【箭头样式11】选项,如图2-94所示,效果如图2-95所示。

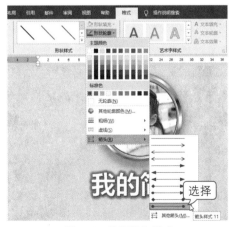

图2-94 选择箭头样式

图2-95 箭头效果

3. 在图形中添加文字

插入图形后，用户还可以在图形中添加文字。

【例2-13】 在箭头图形中添加文字 🎬视频

01 选择【插入】选项卡，在【插图】组中单击【形状】下拉按钮，在弹出的面板中选择【矩形】选项，如图2-96所示。

02 在文档中按住鼠标左键并拖动，在图2-97所示的位置绘制一个矩形。

图2-96　选择【矩形】选项　　　　　　　　　　图2-97　绘制矩形

03 右击绘制的矩形，在弹出的快捷菜单中选择【添加文字】选项，如图2-98所示。

04 在图形中输入文字，设置文字的字体为【黑体】、字号为【三号】、颜色为【深红】，效果如图2-99所示。

图2-98　选择【添加文字】选项　　　　　　　图2-99　输入并设置文字

05 设置图形的形状填充为【无填充】，去除图形填充后的效果如图2-100所示。

06 设置图形的形状轮廓为【无轮廓】，去除图形轮廓后的效果如图2-101所示。

图2-100　去除图形填充后的效果　　　　　　图2-101　去除图形轮廓后的效果

2.2 制作【领导小组】

领导小组往往针对某一特定项目而成立，由若干分工明确、定位不一的人员组成，负责项目的策划、管理、招募与实施。本节以制作【领导小组】为例，讲解应用SmartArt图形创建组织结构图的方法，效果如图2-102所示。

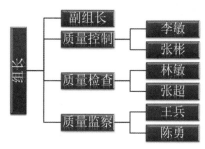

图2-102 实例效果

2.2.1 插入SmartArt图形

SmartArt图形共有8种：列表、流程、循环、层次结构、关系、矩阵、棱锥图和图片，用户可以根据自己的需要创建不同的SmartArt图形。

【例2-14】在文档中插入SmartArt图形 📹视频

01 新建一个空白文档，命名为"领导小组"。

02 单击【插入】选项卡，在【插图】组中单击SmartArt按钮 ，如图2-103所示。

03 打开【选择SmartArt图形】对话框，在左侧的列表框中选择【层次结构】选项，在右侧的图形样式中选择【组织结构图】选项，如图2-104所示。

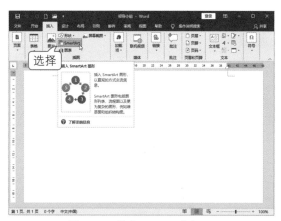

图2-103 单击SmartArt按钮

图2-104 【选择SmartArt图形】对话框

04 单击【确定】按钮，即可将选择的组织结构图插入文档中，如图2-105所示。

05 选择文本框或使用左侧的文本窗格，输入第1个层次的文字，如图2-106所示。

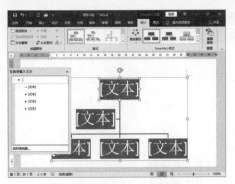

图2-105 插入SmartArt图形

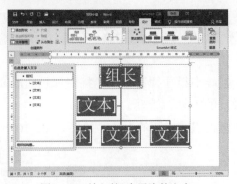

图2-106 输入第1个层次的文字

06 选择文本框或使用左侧的文本窗格，输入第2个层次的文字，如图2-107所示。

07 选择文本框或使用左侧的文本窗格，输入第3个层次的文字，如图2-108所示。

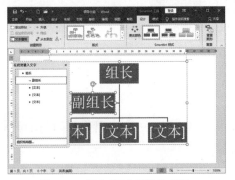

图2-107 输入第2个层次的文字

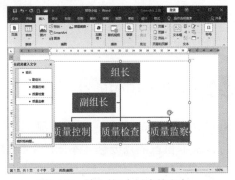

图2-108 输入第3个层次的文字

2.2.2 更改SmartArt布局

SmartArt图形插入后，用户可以根据需要对SmartArt图形进行修改和调整，如添加形状、升降级条目、更改布局样式等。

【例2-15】添加图形和更改图形布局 视频

01 选中左下方的"质量控制"条目，单击【设计】选项卡，在【创建图形】组中单击【添加形状】下拉按钮，在弹出的面板中选择【添加助理】选项，如图2-109所示，即可在"质量控制"条目的下方添加一个空白条目，效果如图2-110所示。

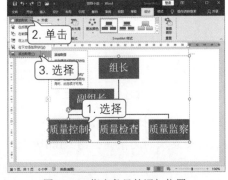

图2-109 指定条目的添加位置

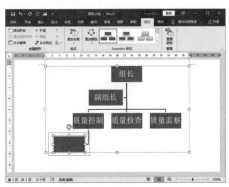

图2-110 添加条目

02 为新添加的条目输入文字，如图2-111所示。

03 继续在"质量控制"条目的下方添加一个条目并输入文字，如图2-112所示。

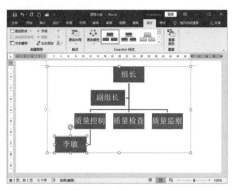

图2-111 输入文字

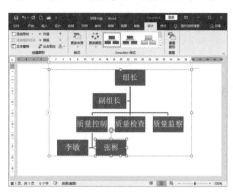

图2-112 再添加一个条目

04 使用同样的方法在"质量检查"条目的下方添加一个条目，此时组织结构图会自动调整图形间的距离，如图2-113所示。

05 继续在"质量检查"和"质量监察"条目的下方添加条目并输入文字，如图2-114所示。

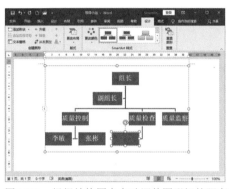

图2-113 组织结构图会自动调整图形间的距离

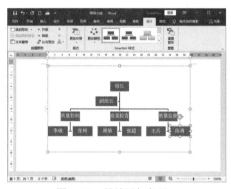

图2-114 继续添加条目

06 选中整个图形，在【布局】组中单击【更改布局】下拉按钮，在弹出的面板中选择【水平多层层次结构】选项，如图2-115所示，SmartArt布局将变为水平多层层次结构，适当调整各个图形间的距离，效果如图2-116所示。

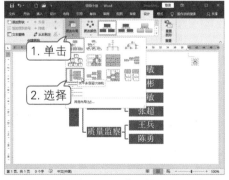

图2-115 选择想要更改使用的SmartArt布局

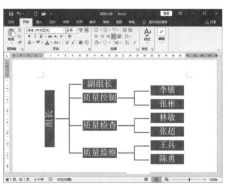

图2-116 更改SmartArt布局后的效果

> 要删除某个形状对象,可以单击【创建图形】组中的【文本窗格】按钮,在打开的文本窗格中选中想要删除的形状对象,按Delete键即可;也可以在文档中选择想要删除的形状对象,直接按Delete键将其删除。

2.2.3 设置SmartArt图形样式

用户可以在【设计】和【格式】选项卡中为SmartArt图形设置样式和色彩风格,以达到美化文档的效果。

【例2-16】设置SmartArt图形样式 📹视频

01 选中SmartArt图形,选择【设计】选项卡,在【SmartArt样式】组中单击【更改颜色】下拉按钮,在弹出的面板中选择【彩色填充-个性色2】选项,如图2-117所示,对SmartArt图形的颜色进行更改,效果如图2-118所示。

图2-117 选择颜色

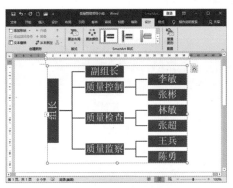

图2-118 更改颜色后的效果

02 在【SmartArt样式】组中单击【快速样式】下拉按钮,在弹出的面板中选择【优雅】选项,如图2-119所示,对SmartArt图形样式进行更改,效果如图2-120所示。

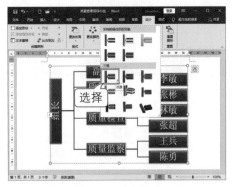

图2-119 选择样式

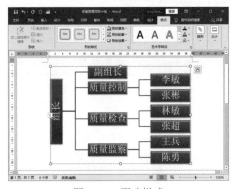

图2-120 更改样式

03 选择【格式】选项卡,在【艺术字样式】组中单击【文本效果】下拉按钮A▾,然后从弹出的面板中选择【映像】|【紧密映像:接触】选项,如图2-121所示,得到的艺术字效果如图2-122所示。

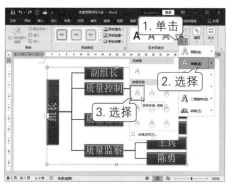

图2-121　选择艺术字样式

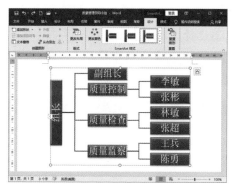

图2-122　艺术字效果

> **提示**
>
> 　　选中SmartArt图形中想要更改大小的形状，然后单击【格式】选项卡，在【形状】组中单击【增大】按钮 可以将图形变大，单击【减小】按钮 则可以将图形缩小。

2.3 案例演练

　　本节将通过制作【工程建设项目工作流程图】和【组织结构图】，帮助读者进一步掌握本章所学的图形知识。

2.3.1 制作【工程建设项目工作流程图】 视频

　　工程建设项目工作流程是指工程建设项目从策划、评估、决策、设计、施工到竣工验收、投入生产或交付使用的整个过程中，各项工作必须遵循的先后次序；工程建设项目工作流程图采用图形来表达各项工作的先后次序和逻辑关系，案例的最终效果如图2-123所示。

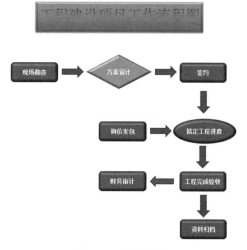

图2-123　案例效果

01 新建一个Word文档，将其命名为"工作流程图"。

02 选择【插入】选项卡，单击【文本】组中的【文本框】下拉按钮，在弹出的面板中选择【绘制横排文本框】命令，如图2-124所示。

03 在文档中按住鼠标左键并拖动，创建一个文本框，如图2-125所示。

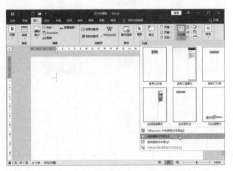

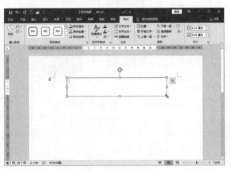

图2-124　选择【绘制横排文本框】命令　　　　图2-125　创建文本框

04 在创建的文本框中输入文字内容"工程建设项目工作流程图"，然后设置字体为【宋体】、字号为30、对齐方式为【居中】，如图2-126所示。

05 选中文本框中的文字，然后选择【格式】选项卡，在【艺术字样式】组的艺术字选择面板中选择【渐变填充-水绿色，主题色5；映像】选项，如图2-127所示。

图2-126　输入并设置文字　　　　　　图2-127　设置艺术字效果

06 选中文本框，单击【格式】选项卡，在【形状样式】组的样式选择面板中选择【强烈效果-橙色，强调颜色6】选项，如图2-128所示。

07 在【形状样式】组中单击【形状效果】下拉按钮，在弹出的菜单中选择【棱台】|【凸起】选项，如图2-129所示。

图2-128　设置文本框的形状样式　　　　图2-129　设置文本框的形状效果

08 单击【插入】选项卡，在【插图】组中单击【形状】下拉按钮，在弹出的面板中选择【菱形】选项，如图2-130所示。

09 按住鼠标左键并拖动，在文档中绘制一个菱形，如图2-131所示。

图2-130 选择形状

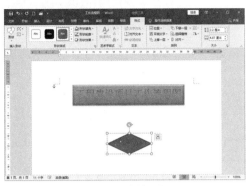
图2-131 绘制形状

10 右击绘制的菱形，在弹出的菜单中选择【添加文字】命令，如图2-132所示。

11 在菱形中输入文字"方案设计"，并设置字体为【宋体】、字号为12、字形为【加粗】、对齐方式为【居中】，如图2-133所示。

图2-132 选择【添加文字】命令

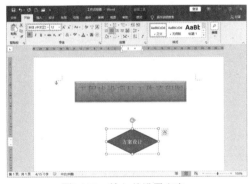
图2-133 输入并设置文字

12 选中菱形，单击【格式】选项卡，在【形状样式】组中单击【形状填充】下拉按钮，在弹出的面板中选择【橙色，个性色6】选项，如图2-134所示。

13 在【形状样式】组中单击【形状轮廓】下拉按钮，在弹出的面板中也选择【橙色，个性色6】选项，如图2-135所示。

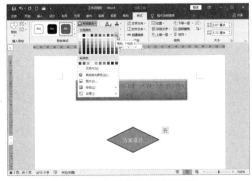
图2-134 设置形状的填充颜色

图2-135 设置形状的轮廓颜色

14 在【形状样式】组中单击【形状效果】下拉按钮，在弹出的菜单中选择【棱台】|【圆形】选项，如图2-136所示，得到的形状效果如图2-137所示。

图2-136　设置形状效果

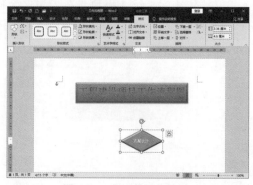

图2-137　得到的形状效果

15 单击【插入】选项卡，在【插图】组中单击【形状】下拉按钮，在弹出的面板中选择【矩形：圆角】选项，如图2-138所示，在菱形的左侧绘制一个圆角矩形，如图2-139所示。

图2-138　选择【矩形：圆角】选项

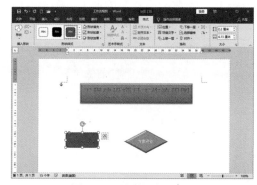

图2-139　绘制圆角矩形

16 在圆角矩形中输入并设置文字，如图2-140所示。

17 参照之前的步骤**14**设置圆角矩形的形状效果为【棱台】|【斜面】，如图2-141所示。

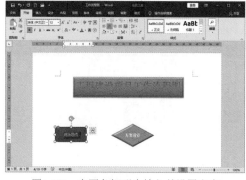

图2-140　在圆角矩形中输入并设置文字

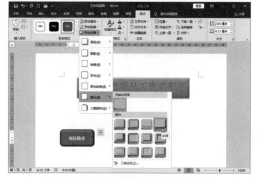

图2-141　设置圆角矩形的形状效果

18 在按住Ctrl键的同时拖动圆角矩形，对圆角矩形进行多次复制，如图2-142所示。

19 修改复制出来的圆角矩形中的文字，效果如图2-143所示。

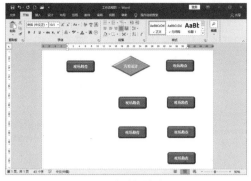

图2-142 复制圆角矩形

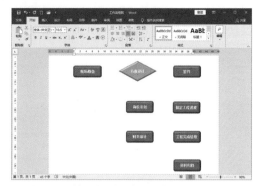

图2-143 修改复制出来的圆角矩形中的文字

20 选择文字内容为"拟定工程进度"的圆角矩形，单击【格式】选项卡的【插入形状】组中的【编辑形状】下拉按钮，在弹出的面板中选择【椭圆】选项，将形状修改为椭圆，如图2-144所示。

21 适当调整椭圆大小，使其中的文字完全显示出来，如图2-145所示。

图2-144 修改形状

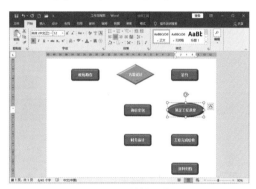

图2-145 调整椭圆大小

22 在【插图】组中单击【形状】下拉按钮，在弹出的面板中选择【箭头：右】选项，如图2-146所示。然后在流程图中绘制向右的箭头，如图2-147所示。

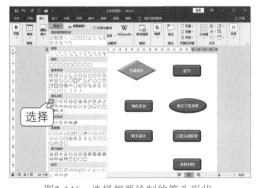

图2-146 选择想要绘制的箭头形状

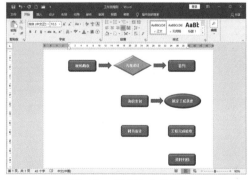

图2-147 绘制向右的箭头

23 参照步骤**22**，选择【箭头：下】选项，在流程图中绘制向下的箭头，如图2-148所示。

24 参照步骤**22**，选择【箭头：左】选项，在流程图中绘制向左的箭头，如图2-149所示。

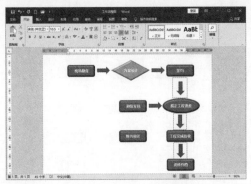
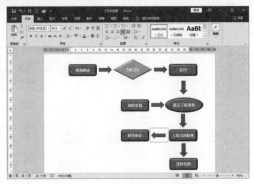

图2-148　绘制向下的箭头　　　　　　　　图2-149　绘制向左的箭头

2.3.2　制作【组织结构图】 视频

组织结构图是组织架构的直观反映，是最常见的一种用来表示组织内部各部门、岗位上下级之间关系的图表，案例效果如图2-150所示。

图2-150　案例效果

01 新建一个Word空白文档，将其命名为"组织结构图"。

02 单击【插入】选项卡，在【插图】组中单击SmartArt按钮，如图2-151所示。

03 在打开的【选择SmartArt图形】对话框中单击【层次结构】分类中的【组织结构图】选项，如图2-152所示。

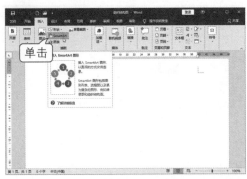
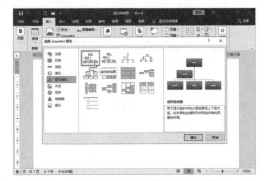

图2-151　单击SmartArt按钮　　　　　　图2-152　选择想要添加的SmartArt图形

04 单击【确定】按钮，选中的SmartArt图形将被插入文档中，效果如图2-153所示。

05 在第一行的形状中输入文字"董事会"，如图2-154所示。

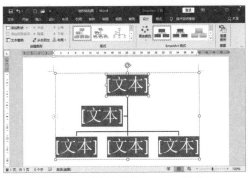

图2-153　插入选择的SmartArt图形

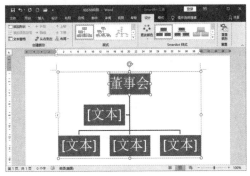

图2-154　输入文字"董事会"

06 选中第2行的形状，打开【SmartArt工具】|【设计】选项卡，在【创建图形】组中单击【添加形状】下拉按钮，在弹出的下拉列表中选择【在后面添加形状】选项，如图2-155所示，即可在第2行形状的后面添加一个形状，效果如图2-156所示。

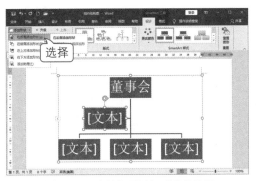

图2-155　选择想要添加形状的位置

图2-156　添加形状

07 使用同样的方法，在第3行形状的最右侧添加一个形状，如图2-157所示。

08 在【创建图形】组中单击【文本窗格】按钮，显示文本窗格，如图2-158所示。

图2-157　继续添加形状

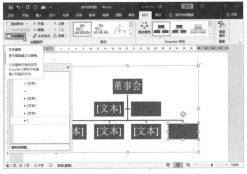

图2-158　显示文本窗格

09 使用文本窗格为第2行的第1个形状输入文字"总经理"，如图2-159所示。

10 继续为其他各个形状输入如图2-160所示的文字。

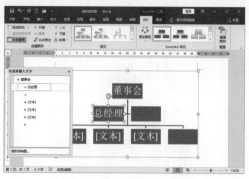

图2-159　输入文字"总经理"

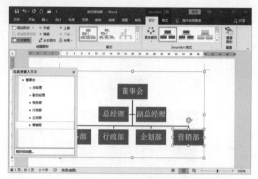

图2-160　输入其他文本内容

[11] 选中第3行的第1个形状，在【创建图形】组中单击【添加形状】下拉按钮，在弹出的下拉列表中选择【添加助理】选项，如图2-161所示，添加助理形状后的效果如图2-162所示。

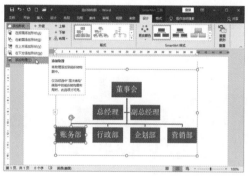

图2-161　选择【添加助理】选项

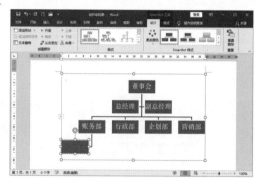

图2-162　添加的助理形状

[12] 使用同样的方法为第3行的第1个形状再添加1个助理形状，为第2个形状添加2个助理形状，为第3个形状添加1个助理形状，为第4个形状添加3个助理形状，如图2-163所示。

[13] 使用文本窗格依次为新添加的形状输入相应的文本内容，如图2-164所示。

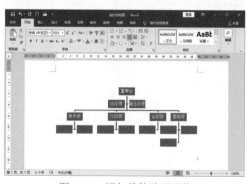

图2-163　添加其他助理形状

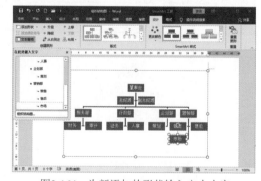

图2-164　为新添加的形状输入文本内容

[14] 选中整个SmartArt图形，选择【设计】选项卡，在【SmartArt样式】组中选择【白色轮廓】样式，如图2-165所示，更改样式后的效果如图2-166所示。

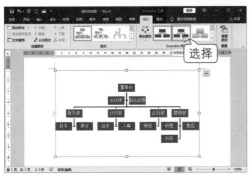

图2-165 选择样式

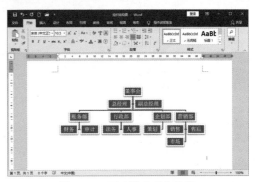

图2-166 更改样式后的效果

15 在【SmartArt样式】组中单击【更改颜色】下拉按钮，在弹出的面板中选择【彩色范围-个性色3至4】选项，如图2-167所示，更改颜色后的效果如图2-168所示。

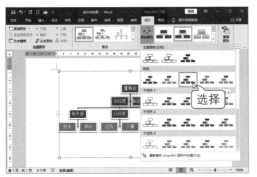

图2-167 选择颜色

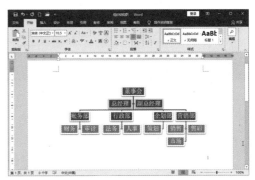

图2-168 更改颜色后的效果

第3章
表格的应用

在Word中，我们不仅可以创建图文混排的文档，还可以创建表格，以方便对数据进行编辑和管理，突出数据信息，让阅读者一目了然。本章将详细介绍如何在文档中创建并编辑表格。

 本章重点

- ○ 创建表格
- ○ 编辑表格
- ○ 合并和拆分表格
- ○ 设置表格的边框和底纹
- ○ 应用表格样式
- ○ 数据计算和排序管理
- ○ 文本与表格的转换

二维码教学视频

3.1 制作【职工花名册】

职工花名册是用人单位制作的用于记录本单位劳动者基本情况的书面材料，包括劳动者的姓名、性别、身份证号、户籍地址及现住地址。本节将以制作【职工花名册】为例，讲解Word 2019在创建和编辑表格方面的应用，包括插入表格、选择表格、输入表格内容、编辑表格等，最终效果如图3-1所示。

东林街道职工花名册

序号	姓名	性别	职务	身份证号	户籍地址	现住地址	联系电话
1	张超	男	书记	511***	江成市***	江成市***	136***
2	李明	男	主任	511***	江成市***	江成市***	136***
3	王鹏	男	副书记	511***	江成市***	江成市***	136***
4	赵敏	女	副主任	511***	江成市***	江成市***	136***
5	孙莉	女	副主任	511***	江成市***	江成市***	136***

图3-1　实例效果

3.1.1 创建表格

在应用表格之前，首先需要创建表格。在Word中，创建表格的常用方式包括直接插入表格、使用【插入表格】对话框和手动绘制表格。

1. 直接插入表格

Word为用户提供了创建表格的快捷工具，从而使用户能够轻松便捷地插入需要的表格。不过需要注意的是，这种方式只适合插入10列8行以内的表格。

【例 3-1】 快速创建表格 视频

01 新建一个空白文档，命名为"职工花名册"，然后选择【布局】选项卡，在【页面设置】组中单击【纸张方向】下拉按钮，在弹出的列表中选择【横向】选项，设置纸张为横向，如图3-2所示。

02 在文档中输入标题文本，并设置文本格式，如图3-3所示。

图3-2　设置纸张为横向

图3-3　创建并设置标题文本

03 右击标题文本,在弹出的快捷菜单中选择【段落】命令,如图3-4所示。

04 在打开的【段落】对话框中设置【对齐方式】为居中、【段后】间距为1行,如图3-5所示。

图3-4　选择【段落】命令

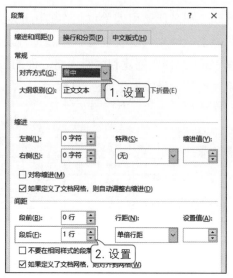

图3-5　设置对齐方式和段后间距

05 在文档中按Enter键进行换行,然后选择【插入】选项卡,在【表格】组中单击【表格】下拉按钮,在弹出的面板中选择想要插入的表格的行列数(如8×6表格),如图3-6所示,即可在文档中插入所选行列数的表格,如图3-7所示。

图3-6　选择表格的行列数

图3-7　插入表格(一)

2. 使用【插入表格】对话框创建表格

通过【插入表格】对话框可以插入任意行列数的表格,同时还可以设置表格的自动调整方式。

选择【插入】选项卡,在【表格】组中单击【表格】下拉按钮,从弹出的面板中选择【插入表格】选项,打开【插入表格】对话框。在【表格尺寸】选项栏中可以设置表格的行列数,如图3-8所示,单击【确定】按钮,即可插入指定行列数的表格,如图3-9所示。

图3-8 设置行列数

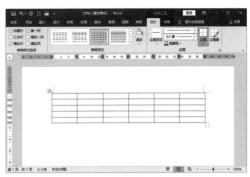

图3-9 插入表格(二)

3. 手动绘制表格

选择【插入】选项卡，在【表格】组中单击【表格】下拉按钮，从弹出的面板中选择【绘制表格】选项，如图3-10所示。此时光标变成铅笔形状，按住左键并拖动鼠标，即可手动绘制表格，如图3-11所示。

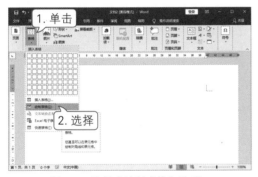

图3-10 选择【绘制表格】选项

图3-11 手动绘制表格

3.1.2 选择表格

在Word中，可以使用不同的方式选择表格，包括选择单个单元格、选择整行单元格、选择整列单元格、选择连续或不连续的多个单元格以及选择整个表格。

1. 选择单个单元格

将光标移到单元格内的左侧位置，当光标变成黑色的斜箭头形状 ◢ 时，单击即可将光标所在的单元格选中，如图3-12所示。

2. 选择连续的单元格

将光标定位到想要选择的单元格区域的起始单元格中，按住鼠标左键并向右下方拖动，即可选择光标经过的单元格区域，如图3-13所示。

图3-12　选择单个单元格

图3-13　选择连续的单元格

3. 选择不连续的单元格

选中第一个单元格,在按住Ctrl键的同时即可选择其他单元格,如图3-14所示。

4. 选择整行单元格

将光标移到需要选定整行单元格的表格行的左侧,当光标变成白色的斜箭头形状 ⌐
时,单击即可选择整行单元格,如图3-15所示。

图3-14　选择不连续的单元格

图3-15　选择整行单元格

5. 选择整列单元格

将光标移到需要选定整列单元格的表格列的上方,当光标变成黑色的下箭头形状↓
时,单击即可选择整列单元格,如图3-16所示。

6. 选择整个表格

单击表格左上方的十字图标 ,即可选择整个表格,如图3-17所示。

图3-16　选择整列单元格

图3-17　选择整个表格

3.1.3 在表格中输入数据文本

创建表格后，接下来就可以在表格中输入需要的数据文本了。

【例3-2】 在表格中输入数据文本 视频

01 选择第一个单元格或在第一个单元格中单击，如图3-18所示。

02 将输入法切换为自己熟悉的中文输入法，然后输入文本"序号"，如图3-19所示。

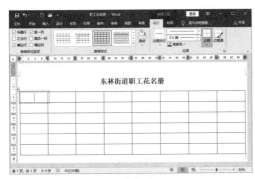

图3-18 定位光标

图3-19 输入文本

03 单击下一个单元格，也可按Tab键将光标定位到下一个单元格中，然后输入文本"姓名"，如图3-20所示。

04 使用同样的方法，在表格中输入其他的数据文本，然后选择表格中的所有数据文本，设置字体为【宋体】、字号为16磅，如图3-21所示。

图3-20 在下一个单元格中输入文本

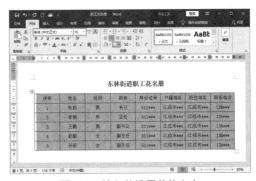

图3-21 输入并设置其他文本

3.1.4 调整行高和列宽

在表格中，同一行的所有单元格具有相同的高度，用户不仅可以针对不同的行设置不同的行高，也可以设置指定单元格的列宽。

1.使用功能命令调整行高和列宽

【例3-3】 使用功能命令调整行高和列宽 视频

01 选中整个表格，单击【布局】选项卡，单击【单元格大小】组中的【自动调整】下拉按钮，在弹出的下拉列表中选择【根据内容自动调整表格】选项，如图3-22所示。

02 根据内容自动调整表格后，表格中的内容将按每一列的文本内容重新调整列宽，调整后的表格看上去更紧凑、整洁，如图3-23所示。

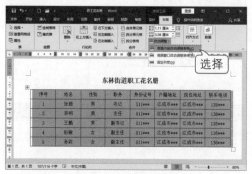 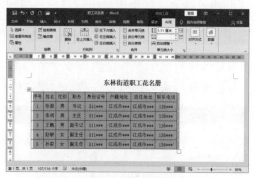

图3-22　选择【根据内容自动调整表格】选项　　　图3-23　按内容自动调整表格后的效果

03 如果在【自动调整】下拉按钮的下拉列表中选择【根据窗口自动调整表格】选项，那么表格中每一列的宽度将按照相同的比例进行扩大，表格的宽度将与正文区域的宽度相同，如图3-24所示。

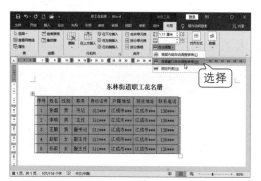 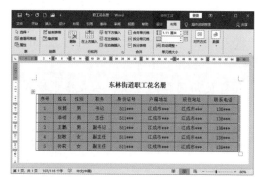

图3-24　根据窗口自动调整表格

04 如果在【自动调整】下拉按钮的下拉列表中选择【固定列宽】选项，系统将使当前列宽为固定宽度，当单元格中输入的文本超出单元格的长度时，文本将自动换到下一行，如图3-25所示。

05 选择想要调整行高的单元格，在【单元格大小】组的【高度】微调框中输入想要设置的行高，按Enter键即可精确调整单元格的高度，如图3-26所示。

图3-25　使用固定列宽　　　图3-26　指定单元格的高度

提示
　　将光标定位到某个单元格中，或是选中某一列单元格，在【单元格大小】组的【宽度】微调框中可以精确设置列的宽度；选中某个单元格，在【单元格大小】组的【宽度】微调框中可以单独设置单元格的宽度。

2. 使用鼠标调整行高和列宽

【例3-4】 使用鼠标调整行高和列宽 ◉视频

01 将光标置于想要调整的单元格的水平边线上，当光标变成上下箭头形状↕时，拖动鼠标即可调整行高，如图3-27的左图所示。

02 将光标置于想要调整的单元格的垂直边线上，当光标变成左右箭头形状↔时，拖动鼠标即可调整列宽，如图3-27的右图所示。

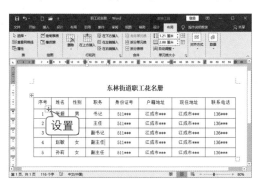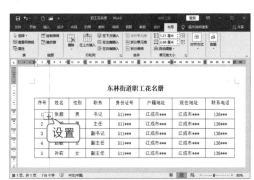

图3-27　调整行高和列宽

3.1.5 在表格中插入行和列

　　根据表格内容的需要，可以在已有的表格中插入新的行或列。

【例3-5】 在表格中插入行和列 ◉视频

01 将光标置于最后一行的任意单元格中，单击【布局】选项卡，在【行和列】组中单击【在下方插入】按钮，如图3-28所示，此时将在表格的最后一行的下方插入一行单元格，如图3-29所示。

图3-28　单击【在下方插入】按钮　　　　图3-29　在表格的最后一行的下方插入一行单元格

[02] 将光标定位到第4列的任意单元格中，单击【行和列】组中的【在右侧插入】按钮，如图3-30所示，此时将在第4列的右侧插入一列单元格，如图3-31所示。

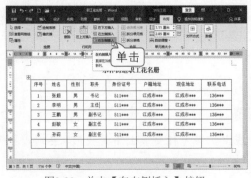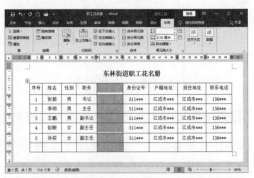

图3-30　单击【在右侧插入】按钮　　　　图3-31　在第4列的右侧插入一列单元格

[03] 将光标定位到第一行的最后一个单元格中，单击【行和列】组右下角的【表格插入单元格】按钮，打开【插入单元格】对话框，选中【活动单元格右移】单选按钮，如图3-32所示。

[04] 单击【确定】按钮，即可插入一个单元格，当前的活动单元格将向右移动，如图3-33所示。

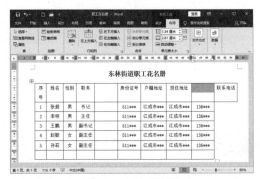

图3-32　【插入单元格】对话框　　　　　　图3-33　插入单元格

> **提示**
>
> 　　将光标定位到表格的最后一行的最后一个单元格中，按Tab键可在下方生成一行单元格。

3.1.6　删除行、列或单元格

如果表格中存在多余的行、列或单元格，那么可以将其删除。

【例 3-6】 在表格中删除多余的单元格 🎬视频

[01] 将光标定位到第一行的空白单元格中，单击【布局】选项卡，在【行列】组中单击【删除】下拉按钮，在弹出的下拉列表中选择【删除单元格】选项，如图3-34所示。

[02] 在打开的【删除单元格】对话框中选中【右侧单元格左移】单选按钮，如图3-35所示。

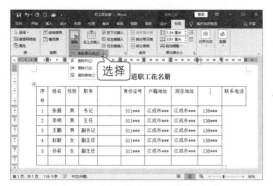 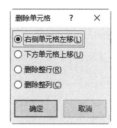

图3-34 选择【删除单元格】选项　　　　图3-35 【删除单元格】对话框

03 单击【确定】按钮，光标所在的单元格即可被删除，右侧的单元格将向左移动，如图3-36所示。

04 将光标定位到第4列的某个单元格中，单击【布局】选项卡的【行和列】组中的【删除】下拉按钮，在弹出的下拉列表中选择【删除列】选项，光标所在的列将被删除，如图3-37所示。

图3-36 删除单个单元格　　　　　　　　图3-37 删除整列单元格

05 将光标定位到最后一行的某个单元格中，单击【布局】选项卡的【行和列】组中的【删除】下拉按钮，在弹出的下拉列表中选择【删除行】选项，即可将表格的最后一行删除，如图3-38所示。

图3-38 删除表格的最后一行

　　将光标放置于表格的任意单元格中，单击【布局】选项卡的【行列】组中的【删除】下拉按钮，在弹出的下拉列表中选择【删除表格】选项，可以将整个表格删除。

3.2 制作【课程表】

在制作表格的过程中，经常需要对表格中的文本进行对齐，抑或对部分表格进行合并或拆分。本节以制作【课程表】为例，讲解Word 2019在合并和拆分表格、设置表格的对齐方式以及绘制斜线表头等方面的应用，最终效果如图3-39所示。

课 程 表					
星期 科目	星期一	星期二	星期三	星期四	星期五
第一节	语文	数学	英语	语文	数学
第二节	语文	数学	英语	语文	数学
第三节	数学	英语	物理	物理	语文
第四节	生物	英语	物理	化学	语文
第五节	化学	地理	生物	体育	政治
第六节	政治	体育	音乐	地理	音乐

图3-39 实例效果

3.2.1 合并和拆分表格

在实际工作中，有时需要将一个单元格或表格拆分为多个，或需要将多个单元格合并为一个。

【例 3-7】 合并和拆分表格中的单元格 ◎ 视频

01 打开【课程表】素材文档，如图3-40所示。

02 选中第一行的所有单元格，单击【布局】选项卡，在【合并】组中单击【合并单元格】按钮，如图3-41所示。

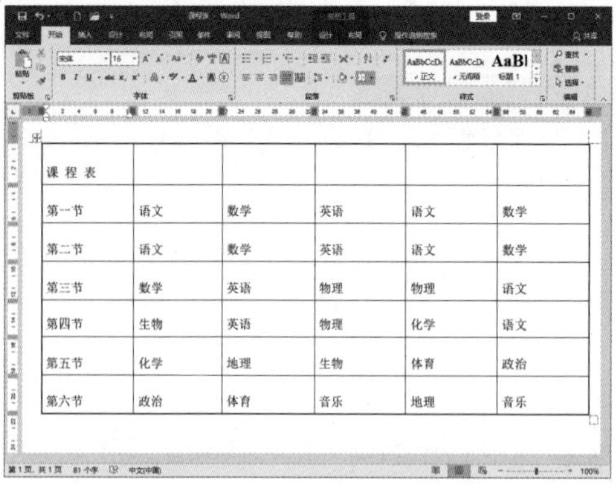

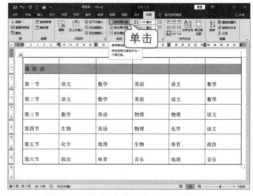

图3-40 打开素材文档　　　　图3-41 单击【合并单元格】按钮

03 完成上一步操作后，所选的多个单元格将被合并为一个单元格，如图3-42所示。

04 选中合并后的那个单元格中的文本，设置文本的字体为【宋体】、字号为22、字形为【加粗】，效果如图3-43所示。

图3-42 合并单元格

图3-43 设置合并后的那个单元格的文本格式

05 将光标置于第一行的单元格中，然后在【合并】组中单击【拆分单元格】按钮，如图3-44所示。

06 打开【拆分单元格】对话框，在【列数】微调框中输入1，在【行数】微调框中输入2，如图3-45所示。

图3-44 单击【拆分单元格】按钮

图3-45 拆分为两行

07 单击【确定】按钮，即可将第一行拆分为两行，如图3-46所示。

08 将光标置于第二行的单元格中，然后在【合并】组中单击【拆分单元格】按钮。打开【拆分单元格】对话框，在【列数】微调框中输入6，在【行数】微调框中输入1，如图3-47所示。

图3-47 拆分为六列

图3-46 拆分效果(一)

09 单击【确定】按钮，即可将第二行拆分为六列，但第二行单元格与下方单元格的边框没有对齐，需要进行调整，如图3-48所示。

10 选中第三行以及下方的所有单元格，然后单击【合并】组中的【分布列】按钮田，在所选列之间平均分布宽度，从而与第二行单元格的边框对齐，如图3-49所示。

图3-48　拆分效果(二)　　　　　　　　图3-49　对齐所有单元格

> **提示**
>
> 将光标定位到某个单元格中，在【合并】组中单击【拆分表格】按钮田，如图3-50所示，可以将表格拆分为两个表格：光标以上的为一个表格，光标及光标以下的为另一个表格，如图3-51所示。

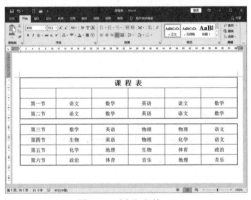

图3-50　单击【拆分表格】按钮　　　　　图3-51　拆分表格

3.2.2　设置对齐方式

在Word中，既可以设置表格的对齐方式，也可以设置表格中的文本在水平和垂直方向的对齐方式。

【例3-8】 设置表格居中对齐 📹视频

01 在第二行的单元格中输入文本，如图3-52所示。

02 选择第一行单元格中的文本，在【开始】选项卡的【段落】组中单击【居中】按钮，将表格中的文本居中对齐，如图3-53所示。

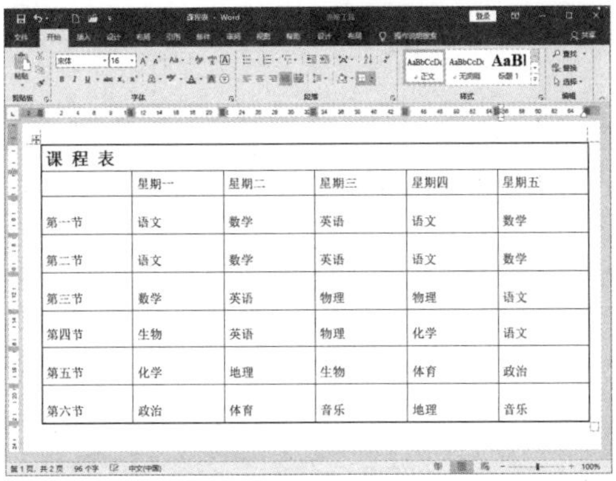

图3-52 在第二行的单元格中输入文本 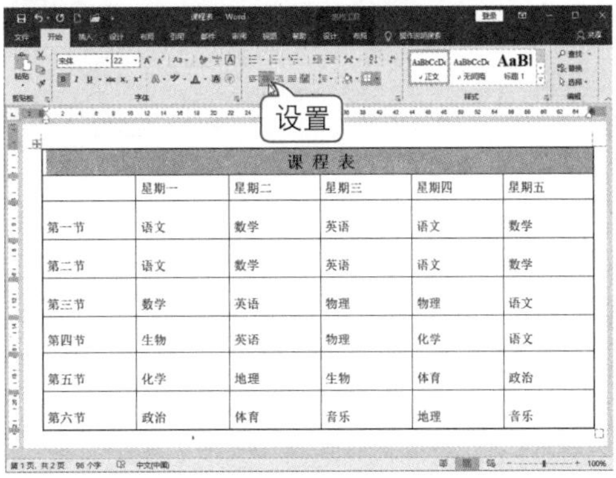　　　图3-53 将表格中的第一行文本居中对齐

03 选择表格中第2～8行的文本，选择【布局】选项卡，在【对齐方式】组中单击【水平居中】按钮 ，在单元格内，选择的文本在水平和垂直方向上都将居中显示，如图3-54所示。

> **提示**
>
> 选择【布局】选项卡，单击【单元格大小】组右下角的【表格属性】按钮 ，可以在打开的【表格属性】对话框中设置表格的对齐方式和文字环绕方式，如图3-55所示。

图3-54 设置表格中的其他文本在水平和
垂直方向上都居中显示

图3-55 【表格属性】对话框

3.2.3 为表格绘制斜线表头

在制作表格时，经常需要为表格绘制斜线表头，以区分表格左侧及上方的标题内容。

【例3-9】 在单元格中插入斜线表头 视频

01 将光标定位到第二行的第一个单元格中，单击【设计】选项卡，在【边框】组中单击【边框】下拉按钮，在弹出的下拉列表中选择【斜下框线】 选项，如图3-56所示。

02 在为第二行的第一个单元格添加斜线后，继续在单元格中输入文本内容，按Enter键可以换行，按空格键可以调整文字的位置，如图3-57所示。

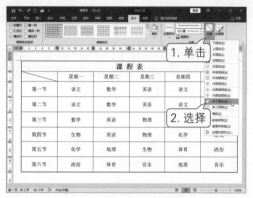

| 图3-56 选择【斜下框线】选项 | 图3-57 输入文字并调整位置 |

> **提示**
>
> 　　除了直接为单元格插入斜线表头之外，还可以单击【设计】选项卡，在【边框】组中单击【边框】下拉按钮，从弹出的下拉列表选择【绘制表格】选项，这时光标将变成铅笔形状，在单元格中拖动鼠标即可绘制斜线。在绘制斜线时，绘图工具都自带捕捉顶点的功能。例如，在选择一点后，便可以画横线、竖线和对角线的方式捕捉另一点。

3.3 制作【日历】

在制作表格的过程中，用户还可以为表格添加边框和底纹，从而使表格看起来更美观。本节以制作【日历】为例，讲解为表格设置边框和底纹以及应用表格样式的方法，最终效果如图3-58所示。

2021 年 1 月

星期一	星期二	星期三	星期四	星期五	星期六	星期日
				1	2	3
4	5	6	7	8	9	10
11	12	13	14	15	16	17
18	19	20	21	22	23	24
25	26	27	28	29	30	31

图3-58 实例效果

3.3.1 设置表格的边框和底纹

清晰明了的表格往往边框分明，通过为表格添加一些底纹，能使其中的内容更加突出。

【例3-10】设置表格的边框和底纹 🎬 视频

01 新建一个Word空白文档，将其命名为"日历"。

02 选择【插入】选项卡，在【表格】组中单击【表格】下拉按钮，在弹出的面板中选择7×7表格，即可在文档中插入一个7行7列的表格，如图3-59所示。

03 合并第1行单元格，然后在第1行输入年份和月份，设置字体为【隶书】、字号为22、字形为【加粗】；在第2行中输入文本"星期一"…"星期日"，设置字体为【黑体】、字号为12；从第3行的第4个单元格开始，依次输入数字1～31，设置字体为Arial Black、字号为12。得到的效果如图3-60所示。

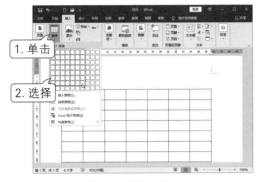

图3-59　插入表格

图3-60　输入并设置文本

04 选中第一行，然后选择【设计】选项卡，在【边框】组中单击【边框】下拉按钮，在弹出的下拉列表中选择【无框线】选项，如图3-61所示，取消第一行的边框，效果如图3-62所示。

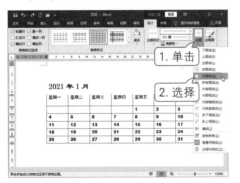

图3-61　选择【无框线】选项

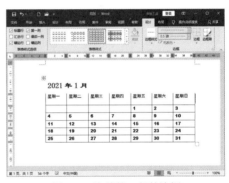

图3-62　取消第一行的边框

05 选中第2～7行，然后选择【设计】选项卡，在【边框】组中单击【笔样式】下拉按钮，在弹出的下拉列表中选择双实线样式，如图3-63所示。

06 在【边框】组中单击【笔画粗细】下拉按钮，在弹出的下拉列表中选择【1.5磅】选项，如图3-64所示。

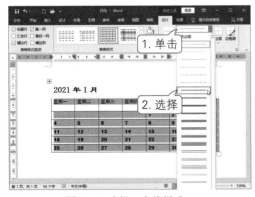

图3-63　选择双实线样式

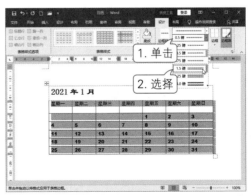

图3-64　选择【1.5磅】选项

07 在【边框】组中单击【边框】下拉按钮⊞，在弹出的下拉列表中选择【所有边框】选项，如图3-65所示。设置完边框后的效果如图3-66所示。

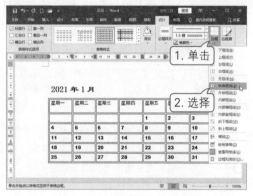

图3-65 选择【所有边框】选项　　　　　　　　图3-66 边框效果

08 在【表格样式】组中单击【底纹】下拉按钮🎨，在弹出的面板中选择【深红】选项，如图3-67所示，即可为表格添加底纹效果，如图3-68所示。

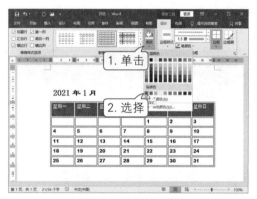
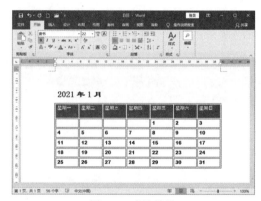

图3-67 选择底纹颜色　　　　　　　　　　　图3-68 底纹效果

> **提示**
>
> 在【设计】选项卡的【边框】组中单击【边框】下拉按钮，在弹出的下拉列表中选择【边框和底纹】选项，如图3-69所示，可以在打开的【边框和底纹】对话框中进一步设置表格的边框和底纹，如图3-70所示。

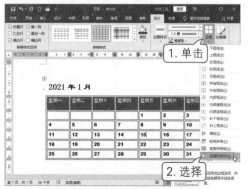

图3-69 选择【边框和底纹】选项　　　　　　图3-70 【边框和底纹】对话框

3.3.2 应用表格样式

在文档中插入表格后，用户还可以使用Word预置的表格样式快速美化表格。选中表格，然后选择【设计】选项卡，单击▾按钮，在打开的【表格样式】面板中选择所需样式，如图3-71所示，即可为表格应用所选的样式，效果如图3-72所示。

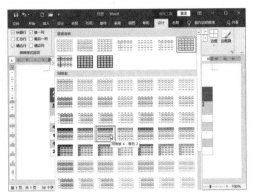

图3-71 选择表格样式

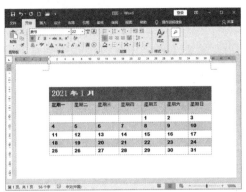

图3-72 应用表格样式后的效果

3.4 制作【销售统计表】

随着表格中数据的增多，表格的内容也会越来越复杂，因此需要对表格中的数据进行计算和排序。本节以制作【销售统计表】为例，讲解对表格中的数据进行计算和排序的方法，最终效果如图3-73所示。

一线电脑 2020 年销售统计表（单位：台）

产品	一季度	二季度	三季度	四季度	合计
联想	570	800	600	400	2370
苹果	300	450	350	500	1600
华硕	400	520	230	360	1580
戴尔	260	320	380	400	1360
索尼	250	300	230	280	1060

图3-73 实例效果

3.4.1 计算表格中的数据

为了对表格中的数据进行统计，我们需要对多种数据进行计算。在Word中，可以使用公式来自动计算表格中的数据。

【例3-11】对表格中的数据进行计算 视频

01 打开【销售统计表】素材文档，将光标定位到"合计"文本下方的单元格中，单击【布局】选项卡，在【数据】组中单击【公式】按钮，如图3-74所示。

02 在打开的【公式】对话框中，系统已经自动输入求和公式=SUM(LEFT)，这表示对左侧的数据进行求和，如图3-75所示。

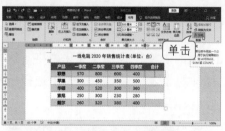

图3-74　单击【公式】按钮　　　　　　　　图3-75　【公式】对话框

03 单击【确定】按钮，系统会自动计算求和结果，并填入光标所在的单元格中，如图3-76所示。

04 继续使用求和公式计算要在"合计"列的其他单元格中填入的数值，如图3-77所示。

图3-76　自动计算出的求和结果　　　　　　图3-77　自动计算其他求和效果

提示

在完成对表格中各种数据的计算以后，如果更新表格中的某些数据，将会导致计算结果不准确。为了更新计算结果，可以将光标移到计算结果上，然后按F9功能键即可。用户也可以选中整个表格，然后按F9功能键，从而更新整个表格中的所有计算结果。

3.4.2 对表格中的数据进行排序

为了方便查看表格中的数据，可以对它们进行排序。在Word中，用户可以按照递增或递减的顺序，对表格中的数据按笔画、数值、拼音或日期进行排序。

【例3-12】对表格中的数据进行排序　视频

01 在表格中选择"合计"列作为想要排序的单元格区域，然后单击【布局】选项卡，在【数据】组中单击【排序】按钮，如图3-78所示。

02 打开【排序】对话框，在【主要关键字】选项栏中选中【降序】单选按钮，如图3-79所示。

03 单击【确定】按钮，系统将以"合计"列中的单元格数据为基准，自动降序排列表格中的所有内容，效果如图3-80所示。

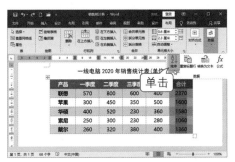

图3-78 单击【排序】按钮

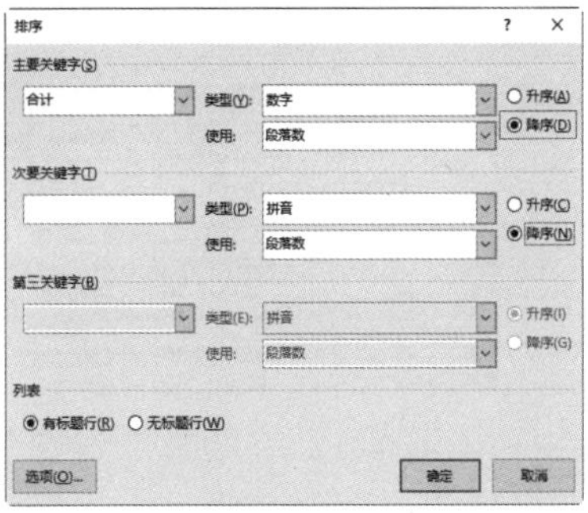

图3-79 设置主要关键字和排序方式

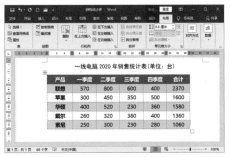

图3-80 按降序排列后的表格

> **提示**
>
> 在进行排序时，如果主要关键字中的数据相同，那么可以按次要关键字进行排序。

3.5 文本与表格的转换

在Word中，文本和表格之间可以相互转换，以满足用户不同情况下的需求。本节以【销售统计表】为例，讲解在表格和文本之间进行转换的方法。

3.5.1 将表格转换为文本

在Word中，可以将表格中的内容转换为普通的文本段落，并将原来各个单元格中的内容使用段落标记、逗号、制表符或用户指定的特定分隔符隔开。

【例3-13】 将表格中的内容转换为文本段落 📹 视频

01 打开前面制作的【销售统计表】文档。

02 将光标置于表格中，选择【布局】选项卡，在【数据】组中单击【转换为文本】按钮▤，如图3-81所示。

03 打开【表格转换成文本】对话框，在【文字分隔符】选项栏中选中【逗号】单选项，如图3-82所示。

04 单击【确定】按钮，即可将表格中的内容转换为普通的文本段落，如图3-83所示。

图3-81　单击【转换为文本】按钮

图3-82　选择文字分隔符

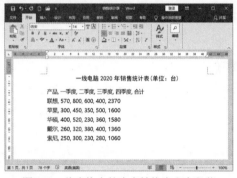

图3-83　将表格中的内容转换为文本段落

> **提示**
>
> 在【文字分隔符】选项栏中选中【其他字符】单选按钮后，就可以使用更多的符号作为文字分隔符。

3.5.2　将文本转换为表格

在Word中，不仅可以将表格转换为文本，也可以将使用段落标记、逗号、制表符或其他特定字符隔开的文本转换为表格。

【例3-14】 将文本转换为表格 📹视频

01 打开已转换为文本的【销售统计表】文档，选中标题以外的所有文本。选择【插入】选项卡，在【表格】组中单击【表格】下拉按钮，在弹出的面板中选择【文本转换成表格】选项，如图3-84所示。

02 打开【将文字转换成表格】对话框，保持默认的表格列数和行数，然后在【文字分隔位置】选项栏中选中【逗号】单选按钮，如图3-85所示。

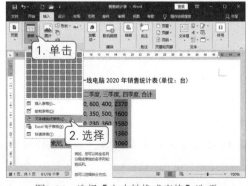

图3-84　选择【文本转换成表格】选项

图3-85　选择文字分隔位置

03 单击【确定】按钮，即可将文本转换为表格，效果如图3-86所示。

一线电脑 2020 年销售统计表(单位：台)

产品	一季度	二季度	三季度	四季度	合计
联想	570	800	600	400	2370
苹果	300	450	350	500	1600
华硕	400	520	230	360	1580
戴尔	260	320	380	400	1360
索尼	250	300	230	280	1060

图3-86 将文本转换为表格

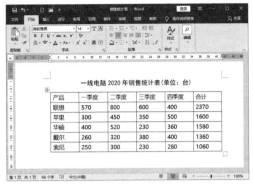

提示

为了将普通的文本转换为表格，首先需要设置统一的分隔位置，然后再进行转换。

3.6 案例演练

本节将通过制作【员工档案表】和【月末业绩表】，帮助读者进一步掌握本章所学的表格知识。

3.6.1 制作【员工档案表】

视频

员工档案表是企业人事部门在招用、调配、培训、考核、奖惩和任用人员方面形成的有关员工个人经历、政治思想、业务技术水平、工作表现以及工作变动等情况的文件材料，案例效果如图3-87所示。

员工档案表

个人资料				
姓名		性别		贴照片处
出生日期		年龄		
家庭电话		电话		
婚姻状况		健康状况		
身份证号		上岗日期		
紧急联系人		紧急联系电话		
住址				

教育程度		
毕业院校	科系	时间

工作经历		
公司	职位	时间

图3-87 案例效果

01 新建一个Word空白文档，将其命名为"员工档案表"。

02 输入标题文本"员工档案表"，设置字体为【黑体】、字号为26、字形为【加粗】、对齐方式为【居中】，如图3-88所示。

03 按Enter键切换到下一行，单击【插入】选项卡，在【表格】组中单击【表格】下拉按钮，在弹出的面板中选择【插入表格】选项，如图3-89所示。

图3-88 输入并设置标题文本

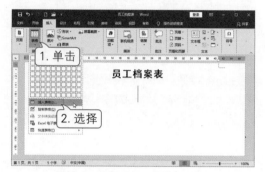

图3-89 选择【插入表格】选项

04 在弹出的【插入表格】对话框中设置列数为5、行数为18，如图3-90所示。

05 单击【确定】按钮，即可插入指定了行列数的表格，效果如图3-91所示。

图3-90 设置行列数

图3-91 插入表格

06 在表格的前8行中输入个人资料方面的相关选项，设置字体为【楷体】、字号为12、对齐方式为【左对齐】，如图3-92所示。

07 在表格的第9和10行中输入教育程度方面的相关选项，在第13和14行输入工作经历方面的相关选项，如图3-93所示。

08 选中"个人资料"文本所在的第1行单元格，选择【布局】选项卡，单击【合并】组中的【合并单元格】按钮，对第1行单元格进行合并，如图3-94所示。

09 使用同样的方法，继续对"住址""教育程度""工作经历"文本所在行的单元格进行合并，如图3-95所示。

图3-92 输入个人资料

图3-93 输入其他内容

图3-94 合并第一行单元格

图3-95 合并第8、第9和第13行的单元格

10 选中整个表格，选择【设计】选项卡，单击【边框】组中的【边框】下拉按钮，在弹出的下拉列表中选择【边框和底纹】选项，如图3-96所示。

11 在打开的【边框和底纹】对话框中单击【边框】选项卡，在【设置】选项栏中选择【虚框】选项，在【宽度】下拉列表中设置宽度为1.5磅，如图3-97所示。

图3-96 选择【边框和底纹】选项

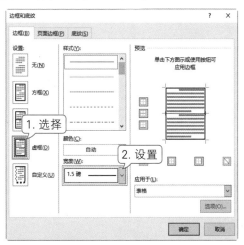

图3-97 设置边框效果

⑫ 单击【确定】按钮，表格边框加粗后的效果如图3-98所示。

⑬ 将光标定位到"个人资料"文本所在的单元格中，设置字体为【黑体】、字号为14、字形为【加粗】，使用同样的方式设置文本"教育程度""工作经历"，完成后的效果如图3-99所示。

图3-98 加粗表格边框

图3-99 设置指定文本的格式

⑭ 将光标定位到"教育程度"文本所在的单元格中，选择【布局】选项卡，在【合并】组中单击【拆分表格】按钮，如图3-100所示。然后将光标定位到"工作经历"文本所在的单元格中，继续对表格进行拆分，最终效果如图3-101所示。

图3-100 单击【拆分表格】按钮

图3-101 最终效果

3.6.2 制作【月末业绩表】   视频

业绩报表展示了企业或个人在一定时间内取得的销售业绩，案例效果如图3-102所示。

月末业绩统计表

2021 年 2 月

项目编号	姓名	本月订单（元）	收到资金（元）	月末提成（元）
001	李佳	15000	13000	1450
002	王新	13500	11500	1355
003	陈林	14500	13000	1450
004	何林	15000	15000	1525
005	王瑞恩	16000	15000	1525
006	黄知恩	15000	13000	1450

图3-102 案例效果

01 新建一个Word空白文档，将其命名为"月末业绩表"，然后插入一个行数为9、列数为6的表格，如图3-103所示。

02 在表格中输入文本，设置字体为【宋体】、字号为【小四】、对齐方式为【居中】，如图3-104所示。

图3-103 插入表格

图3-104 输入并设置文本

03 选中第1行的所有单元格，单击【布局】选项卡，在【合并】组中单击【合并单元格】按钮，如图3-105所示，将第一行的所有单元格合并为一个单元格。然后设置这个单元格中的文本的字号为【二号】、字形为【加粗】，对齐方式为【居中】，效果如图3-106所示。

图3-105 单击【合并单元格】按钮

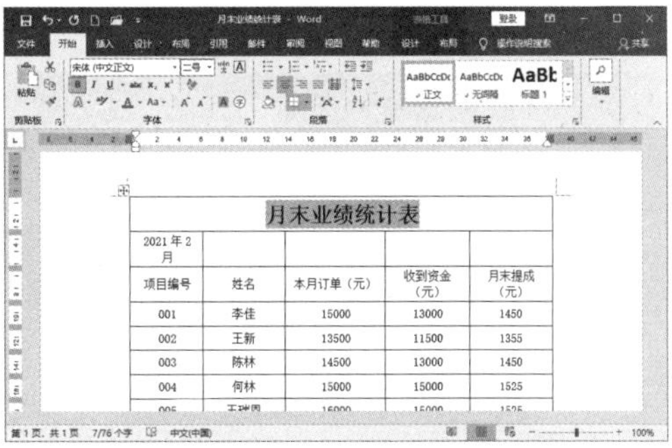

图3-106 设置合并后的单元格中的文本

04 将第2行的所有单元格也合并为一个单元格，单击【布局】选项卡，在【对齐方式】组中单击【中部右对齐】按钮，如图3-107所示。

05 将光标定位到第3行的第1个单元格中，单击【设计】选项卡，在【边框】组中单击【边框】下拉按钮，在弹出的下拉列表中选择【斜下框线】选项，如图3-108所示。

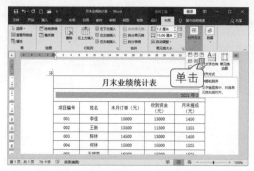

图3-107　单击【中部右对齐】按钮

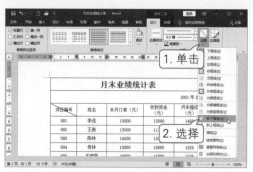

图3-108　为表格绘制表头斜线

06 在为第3行的第1个单元格添加斜线后，将光标定位到"项目编号"文本的中间位置，按Enter键换行，并通过按空格键调整文本的位置，如图3-109所示。

07 选中表格的第1行和第2行，然后选择【设计】选项卡，在【边框】组中单击【边框】下拉按钮，在弹出的下拉列表中选择【无框线】选项，效果如图3-110所示。

图3-109　调整文本的位置

图3-110　取消第1行和第2行的边框

08 选中表格的第3～9行表格，然后单击【边框】下拉按钮，在弹出的下拉列表中选择【所有框线】选项，为选中的所有行添加边框，如图3-111所示。

09 选中第3行，在【表格样式】组中单击【底纹】下拉按钮，在弹出的面板中选择【橙色】选项，为表格添加橙色的底纹效果，如图3-112所示。

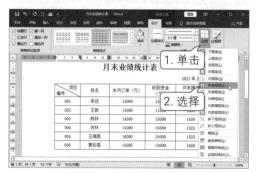

图3-111　为第3～9行添加边框

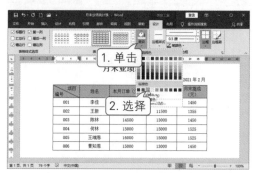

图3-112　添加底纹效果

第4章
Word高级功能

在使用Word进行文档编辑的过程中，通常还包括为页面设置水印效果、添加页眉和页脚、对文档进行保护、进行打印设置、创建目录以及限制文档的编辑等。本章将对这些知识进行讲解，使读者更深入地掌握Word高级功能。

 本章重点

- 添加页眉和页脚
- 设置页面效果
- 应用与修改样式
- 批注和修订
- 提取目录
- 保护文档
- 打印文档

 二维码教学视频

4.1 为【合同】文档添加页眉和页脚

页眉与页脚是正文之外的内容。通常情况下，页眉位于页面最上方，用于显示文档的主要内容；页脚则位于页面最下方，用于显示文档的页码、日期等。本节以【合同】文档为例，讲解为文档添加页眉和页脚的操作，最终效果如图4-1所示。

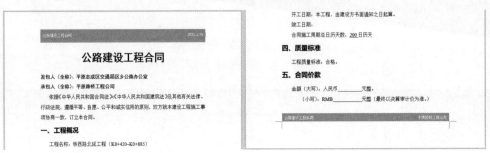

图4-1　实例效果

4.1.1 插入页眉

在插入页眉的过程中，可以使用Word预设的页眉样式，包括空白、边线型、怀旧、网格、离子、运动型等。

👉【例4-1】在文档中插入页眉 🎬视频

01 打开【合同】文档。选择【插入】选项卡，在【页眉和页脚】组中单击【页眉】下拉按钮，在弹出的面板中选择【怀旧】选项，如图4-2所示，即可在文档中插入页眉，效果如图4-3所示。

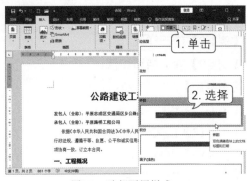

图4-2　选择页眉样式

图4-3　插入页眉后的效果

02 单击页眉左侧的文本，可以对文本的内容进行修改，然后单击页眉右侧的日期下拉按钮，选择文档的制作日期，如图4-4所示。

03 单击【关闭页眉和页脚】按钮✖，完成页眉的插入操作，如图4-5所示。

04 将光标定位到文档的第2页中，使用同样的方法为后面的页面添加页眉。

图4-4 修改页眉

图4-5 修改效果

 提示　由于默认情况下，【设计】选项卡的【选项】组中的【首页不同】复选框处于选中状态，因此我们虽然设置了首页的页眉和页脚，但其他页的页眉和页脚仍需要重新设置。

4.1.2　插入页脚

页脚的形式和功能基本和页眉相同，插入页脚的方法与插入页眉相同。

【例4-2】 在文档中插入页脚 💿视频

01 在【插入】选项卡的【页眉和页脚】组中单击【页脚】下拉按钮，从弹出的面板中选择【离子(深色)】选项，如图4-6所示，即可在文档中插入页脚，效果如图4-7所示。

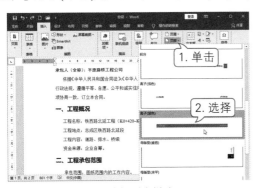

图4-6 选择页脚样式

图4-7 插入页脚后的效果

02 单击页脚中的文本，可以对文本的内容进行修改，如图4-8所示。

03 单击【关闭页眉和页脚】按钮✖，完成页脚的插入操作，如图4-9所示。

04 将光标定位到文档的第2页中，然后使用同样的方法为后面的页面添加页脚。

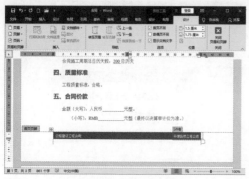 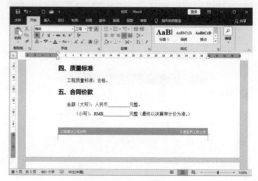

图4-8 修改页脚　　　　　　　　　　　　图4-9 修改效果

> **提示**　如果希望其他页与首页的页眉和页脚相同，可以在【设计】选项卡的【选项】组中取消选中【首页不同】复选框。

4.1.3 插入页码

Word提供了多种样式的页码，用户可以在页眉或页脚中插入并编辑页码。

【例4-3】 为文档添加页码 📹 视频

01 选择【插入】选项卡，在【页眉和页脚】组中单击【页码】下拉按钮，在弹出的菜单中选择【设置页码格式】选项，如图4-10所示。

02 打开【页码格式】对话框，在【页码编号】选项栏中设置【起始页码】为1，然后单击【确定】按钮，如图4-11所示。

图4-10 选择【设置页码格式】选项　　　　图4-11 设置页码格式

03 选择【插入】选项卡，在【页眉和页脚】组中单击【页码】下拉按钮，在弹出的菜单中选择【页面底端】|【普通数字2】选项，如图4-12所示。

04 单击【关闭页眉和页脚】按钮❌，即可在页面底端的中间位置插入页码，效果如图4-13所示。

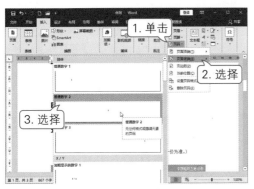

图4-12　选择页码样式

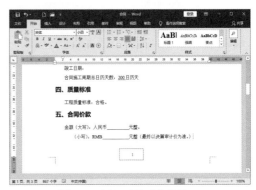

图4-13　插入页码后的效果

4.2 设置【招生简章】页面效果

Word 提供了多种功能来美化文档页面，如设置页面边框、页面背景以及水印效果等。本节以【招生简章】文档为例，讲解为文档添加页面边框、页面背景以及水印效果的操作，最终效果如图4-14所示。

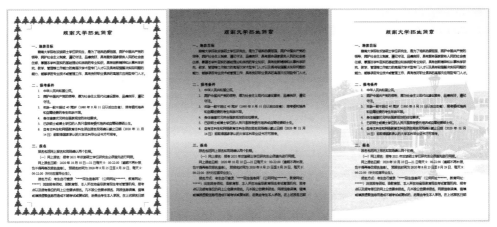

图4-14　实例效果

4.2.1 设置页面边框

通过为文档添加页面边框可以美化文档。

【例 4-4】 为文档添加页面边框 📹 视频

01 打开【招生简章】文档，选择【设计】选项卡，在【页面背景】组中单击【页面边框】按钮，如图4-15所示。

02 打开【边框和底纹】对话框，在【页面边框】选项卡中可以设置页面边框的样式，如图4-16所示。

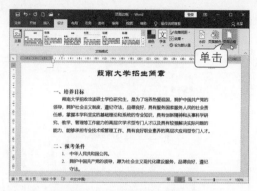
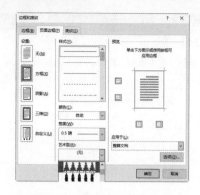

图4-15 单击【页面边框】按钮　　　　　图4-16 设置页面边框的样式

03 单击【确定】按钮，即可为页面添加指定的边框样式，效果如图4-17所示。

> **提示**
>
> 在为页面添加边框后，页面边框是无法直接删除的。可以在【边框和底纹】对话框的【页面边框】选项卡中选择【无】选项，从而将页面边框删除。

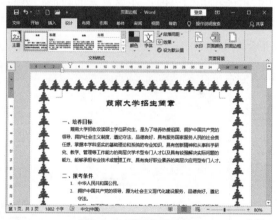

图4-17 页面边框效果

4.2.2 设置页面背景

使用Word提供的页面背景设置功能，可以对页面进行颜色设置和图片设置。

【例4-5】 为文档添加页面背景 视频

01 打开【招生简章】文档。下面分别对页面进行颜色、渐变色和图片方面的设置。

02 设置背景颜色。选择【设计】选项卡，在【页面背景】组中单击【页面颜色】下拉按钮，在弹出的下拉列表中选择背景颜色(如【浅蓝】)，即可将页面背景颜色设置为所选颜色，如图4-18所示。

03 在【页面背景】组中单击【页面颜色】下拉按钮，在弹出的面板中选择【其他颜色】选项，打开【颜色】对话框，可以选择更多的颜色作为页面背景，如图4-19所示。

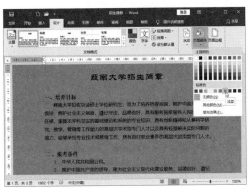
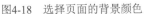

图4-18 选择页面的背景颜色

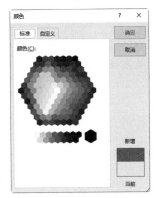

图4-19 【颜色】对话框

04 设置页面背景为渐变色。单击【页面颜色】下拉按钮，在弹出的面板中选择【填充效果】选项，打开【填充效果】对话框，在【渐变】选项卡中可以为页面背景设置渐变色效果，如图4-20所示。

05 单击【确定】按钮，即可为页面背景添加相应的渐变色效果，如图4-21所示。

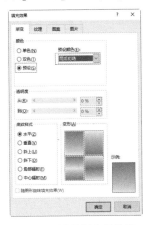

图4-20 设置渐变色效果

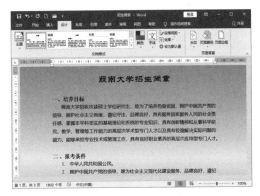

图4-21 渐变色背景效果

06 为页面设置纹理背景效果。在【填充效果】对话框中选择【纹理】选项卡，可以选择一种纹理(如【水滴】)作为页面背景，如图4-22所示。单击【确定】按钮后，得到的纹理背景效果如图4-23所示。

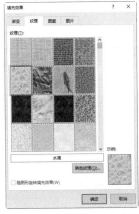

图4-22 选择纹理效果

图4-23 纹理背景效果

07 为页面设置图案背景效果。在【填充效果】对话框中选择【图案】选项卡，可以选择一种图案(如【大棋盘】) 作为页面背景，如图4-24所示。单击【确定】按钮后，得到的图案背景效果如图4-25所示。

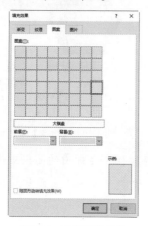

图4-24　选择图案效果

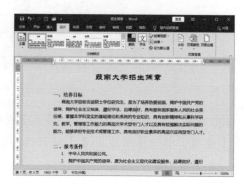

图4-25　图案背景效果

08 为页面设置图片背景效果。在【填充效果】对话框中选择【图片】选项卡，然后单击【选择图片】按钮，如图4-26所示。

09 在打开的【插入图片】对话框中单击【浏览】按钮，如图4-27所示。

图4-26　单击【选择图片】按钮

图4-27　单击【浏览】按钮

10 在打开的【选择图片】对话框中选择需要作为页面背景的图片，如图4-28所示。然后单击【插入】按钮，即可将选择的图片插入页面中作为背景，效果如图4-29所示。

图4-28　选择图片

图4-29　图片背景效果

在为页面添加背景后，页面背景也是无法直接删除的。可以在【设计】选项卡的【页面背景】组中单击【页面颜色】下拉按钮，在弹出的面板中选择【无颜色】选项，即可将页面背景删除。

4.2.3　设置页面水印

Word 中的水印效果类似于页面背景，但水印中的内容多是文档所有者的姓名等信息。Word提供了图片与文字两种水印。

【例4-6】 为文档设置水印效果 🎬视频

01 打开【招生简章】文档。下面分别为页面添加文字水印和图片水印。

02 添加文字水印。单击【设计】选项卡，在【页面背景】组中单击【水印】下拉按钮。在弹出的面板中选择【严禁复制 2】选项，如图4-30所示；即可为页面添加水印效果，如图4-31所示。

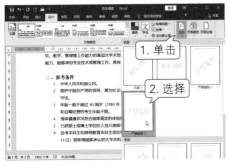
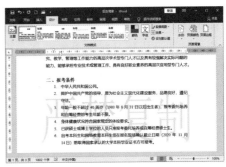

图4-30　选择水印样式　　　　　图4-31　添加水印后的效果

03 添加图片水印。在【页面背景】组中单击【水印】下拉按钮，在弹出的面板中选择【自定义水印】选项，如图4-32所示。

04 打开【水印】对话框，选中【图片水印】单选按钮，然后单击【选择图片】按钮，如图4-33所示。

图4-32　选项【自定义水印】选项　　　　图4-33　单击【选择图片】按钮

05 根据提示选择一张图片作为水印图片，即可设置页面背景为图片水印，效果如图4-34所示。

图4-34　图片水印

提示

在为页面添加水印后，水印是无法直接删除的。可以在【设计】选项卡的【页面背景】组中单击【水印】下拉按钮，在弹出的面板中选择【删除水印】选项，从而将水印删除。

4.3 为【自荐信】设置样式

样式规定了文档中标题、题注以及正文等不同文本元素的形式，使用样式可以使文本格式统一。通过执行一些简单的操作，即可将样式应用于整个文档或段落，从而极大地提高工作效率。本节以【自荐信】素材文档为例，讲解应用样式、修改样式和创建样式的相关操作，最终效果如图4-35所示。

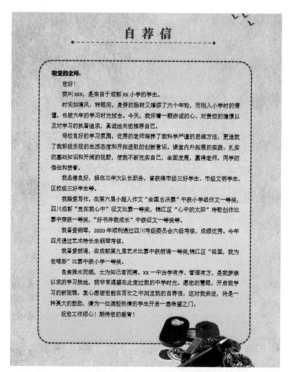

图4-35　实例效果

4.3.1 应用样式

使用【快速样式】扩展面板或【样式】任务窗格可以为文档快速应用需要的样式。

【例 4-7】 为文档快速应用样式 🎬视频

01 打开【自荐信】素材文档。选中标题文本，切换到【开始】选项卡，在【样式】组的样式列表框中选择【标题1】样式，即可为标题文本快速应用这种样式，如图4-36所示。

02 选中正文中的"敬爱的老师："文本，单击【样式】组右下角的扩展按钮，在打开的【样式】任务窗格中选择【要点】样式，即可为指定的文本应用这种样式，如图4-37所示。

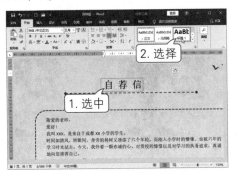

图4-36 应用【标题1】样式

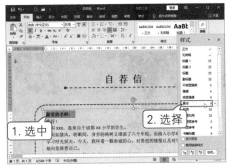

图4-37 应用【要点】样式

4.3.2 修改样式 🎬视频

如果对【样式】任务窗格中的样式不满意，那么可以根据自己的需要对它们进行修改。

【例 4-8】 修改样式 🎬视频

01 在【样式】任务窗格中右击【标题1】样式，在弹出的快捷菜单中选择【修改】选项，如图4-38所示。

02 打开【修改样式】对话框，设置文本的字体为【华文中宋】、字号为【一号】、颜色为【深红，背景2】，选中【自动更新】复选框，如图4-39所示。

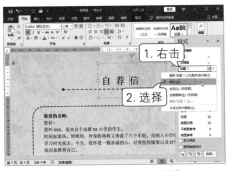

图4-38 选择【修改】选项

图4-39 修改文本格式

03 单击【确定】按钮，即可看到文档中的标题文本在格式上发生了变化，如图4-40所示。

04 使用同样的方法修改【要点】样式，设置字号为【小四】。

05 继续修改【正文】样式，打开【修改样式】对话框，设置字号为【小四】，然后单击【格式】下拉按钮，在弹出的快捷菜单中选择【段落】命令，如图4-41所示。

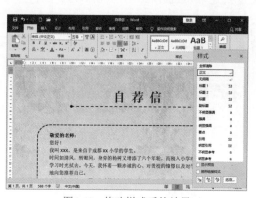

图4-40　修改样式后的效果

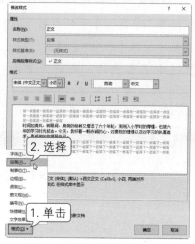

图4-41　【修改样式】对话框

06 打开【段落】对话框，设置首行缩进为【2字符】、段落行距为【22磅】，如图4-42所示。单击【确定】按钮，即可看到正文格式也相应发生了变化，如图4-43所示。

图4-42　修改段落格式

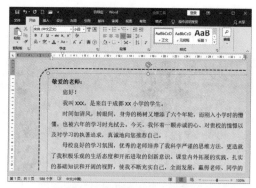

图4-43　修改后的正文效果

4.3.3　创建样式

除了可以使用系统自带的样式以外，用户还可以自定义样式。单击【开始】选项卡的【样式】组中的扩展按钮，在展开的面板中选择【创建样式】命令，如图4-44所示。然后在打开的【根据格式化创建新样式】对话框输入样式名，再单击【修改】按钮，对样式进行设置即可，如图4-45所示。

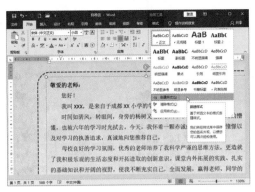

图4-44 选择【创建样式】命令　　　　　图4-45 修改新创建的样式

> **提示**
>
> 　　如果在【根据格式化创建新样式】对话框中直接单击【确定】按钮，那么新创建的样式将使用【段落演示预览】下方展示的格式；而如果单击【修改】按钮，则可以在扩展的【根据格式化创建新样式】对话框中重新设置样式的格式。

4.3.4 删除样式

　　当有些样式不再需要时，可以将它们删除。在【样式】任务窗格中右击想要删除的样式，然后在弹出的快捷菜单中选择删除样式的命令，如图4-46所示，在弹出的提示框中单击【是】按钮，如图4-47所示，即可将指定的样式从【样式】任务窗格中删除。

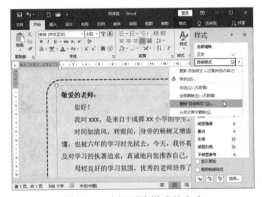

图4-46 选择删除样式的命令　　　　　图4-47 单击【是】按钮

4.4 批注和修订【说明书】

　　Word提供的文档批注、修订等审阅功能，为不同用户共同协作提供了方便。本节以【说明书】素材文档为例，讲解批注和修订文档的相关操作，最终效果如图4-48所示。

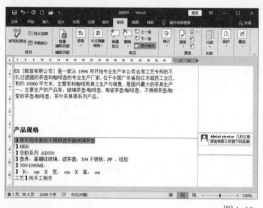
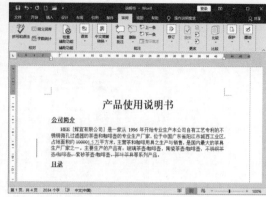

图4-48　实例效果

4.4.1 添加批注

在审阅文档时，如果要对文档提出修改意见，那么可以通过添加批注的形式来进行。添加批注后，可以将修改意见与文档一起保存，以方便作者对文档进行修改。

👉【例4-9】 **为文档添加批注** 🎬视频

01 打开【说明书】素材文档。

02 选中想要添加批注的文本，单击【审阅】选项卡，在【批注】组中单击【新建批注】按钮，如图4-49所示。

03 此时页面右侧将出现批注框，可以在其中输入批注的内容，如图4-50所示。

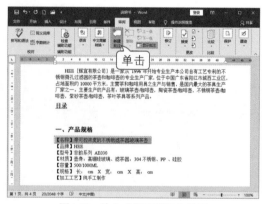
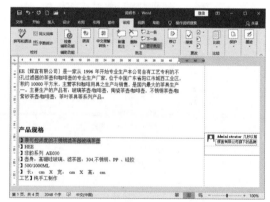

图4-49　单击【新建批注】按钮　　　　　图4-50　输入批注的内容

　　　　如果想要删除批注，可以选中批注的内容，然后单击【批注】组中的【删除】下拉按钮，在弹出的下拉列表中选择【删除】选项。也可以右击批注的内容或批注框，在弹出的快捷菜单中选择【删除批注】命令，如图4-51所示。

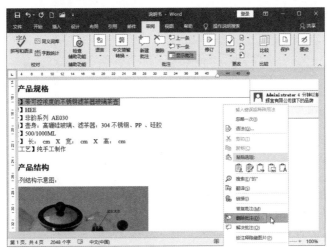

图4-51　选择【删除批注】命令

4.4.2 修订文档

修订文档是指在修改的同时对修改的内容添加标记，从而方便其他人了解修改了文档中的哪些内容。

【例4-10】 对文档进行修订 📹 视频

01 单击【审阅】选项卡，在【修订】组中单击【修订】下拉按钮，在弹出的下拉列表中选择【修订】选项，即可进入修订状态，如图4-52所示。

02 此时，在页面中修改的内容为修订内容，页面的左侧会出现一条红色的竖线，如图4-53所示。

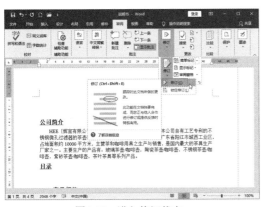

图4-52　进入修订状态

图4-53　修订文档中的内容

03 单击红色的竖线，将显示修订的内容，被删除的文字会添加删除线，修改的文字会以红色显示，如图4-54所示。

04 单击【修订】下拉按钮，在弹出的下拉列表中选择【锁定修订】选项，可在打开的对话框中设置锁定密码，如图4-55所示。

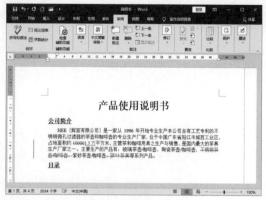
图4-54 显示修订内容

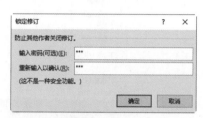
图4-55 锁定修订

提示

为了退出修订状态，需要再次单击【修订】组中的【修订】下拉按钮，在弹出的下拉列表中选择【修订】选项即可。

4.4.3 拒绝或接受修订

用户在对文档进行修订后，用户本人或其他人可以通过执行接受或拒绝修订操作，来决定是否保留修改后的内容。

👉**【例4-11】** 拒绝或接受修订 🎬视频

01 为了拒绝或接受修订，首先需要对修订解除锁定。在【修订】组中单击【修订】下拉按钮，在弹出的下拉列表中选择【锁定修订】选项，如图4-56所示。

02 打开【解除锁定跟踪】对话框，输入解锁密码并单击【确定】按钮，如图4-57所示。

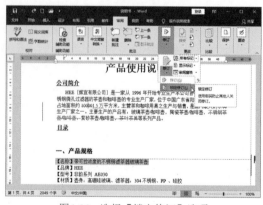
图4-56 选择【锁定修订】选项

图4-57 解除锁定

03 将光标定位到第一处修订后的内容中，在【更改】组中单击【接受】下拉按钮，在弹出的下拉列表中选择【接受此修订】选项，如图4-58所示。

04 接受修订后的内容将取消修订标记，并自动跳转至下一处修订位置，如图4-59所示。

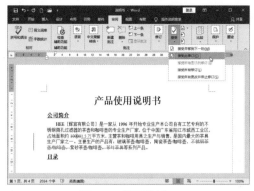

图4-58　接受修订

图4-59　继续审阅修订

> 在【更改】组中单击【接受】下拉按钮，在弹出的下拉列表中选择【接受有修订】选项，可以一次性接受所有修订。

05 继续在【更改】组中单击【接受】下拉按钮，在弹出的下拉列表中选择【接受此修订】选项，接受修订并自动跳转至下一处修订位置。

06 在【更改】组中单击【拒绝】下拉按钮，在弹出的下拉列表中选择【拒绝更改】选项，可以拒绝此处的修订，如图4-60所示。

07 单击【拒绝】下拉按钮，在弹出的下拉列表中选择【拒绝所有修订】选项，可以拒绝剩下的所有修订，效果如图4-61所示。

图4-60　拒绝修订

图4-61　拒绝剩下的所有修订

4.5 提取【说明书】目录

　　书籍、论文等长文档在正文开始之前都有目录，读者可以通过目录来了解正文中的主要内容，并且可以快速定位到某个标题。本节以【说明书】素材文档为例，讲解提取目录的相关操作，最终效果如图4-62所示。

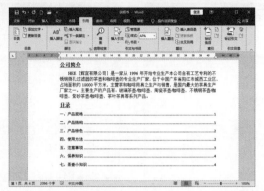

图4-62 实例效果

4.5.1 在文档中插入目录

用户可以通过执行一些操作使Word文档自动生成目录，如果文档内容发生改变，用户只需要更新目录即可。

【例4-12】在文档中插入目录 📀视频

01 打开【说明书】素材文档，将光标定位到"目录"段落的下一行中。

02 选择【引用】选项卡，在【目录】组中单击【目录】下拉按钮，在弹出的面板中选择【自定义目录】选项，如图4-63所示。

03 弹出【目录】对话框，在【常规】选项区域将【显示级别】设置为1(只在目录中显示一级标题)，如图4-64所示。

图4-63 选择【自定义目录】选项

图4-64 设置目录的显示级别

04 单击【确定】按钮，即可在文档中插入自动生成的一级目录，如图4-65所示。

05 选中目录，可以为其设置文本格式，例如将字体设置为【宋体】，将字号设置为【小四】，如图4-66所示。

图4-65 生成目录后的效果　　　　　　　　图4-66 设置目录的文本格式

4.5.2 更新文档中的目录

如果文档中的标题发生变化，那么自动生成的目录也需要进行更新，以保持与文档中的标题一致。

【例4-13】更新目录 🎬视频

01 在提取【说明书】文档的目录后，将文档中的"三、产品特点："修改为"三、产品特色"，将"四、使用方法："中的冒号删除，如图4-67所示。

02 选择【引用】选项卡，在【目录】组中单击【更新目录】按钮🗐，如图4-68所示。

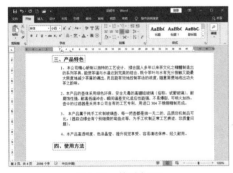

图4-67 修改标题　　　　　　　　　　　图4-68 单击【更新目录】按钮

03 打开【更新目录】对话框，选中【更新整个目录】单选按钮，如图4-69所示。然后单击【确定】按钮，即可更新目录，效果如图4-70所示。

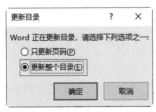

图4-69 选择更新对象　　　　　　　　　图4-70 更新后的目录

> 选择【引用】选项卡，在【目录】组中单击【目录】下拉按钮，在弹出的下拉列表中选择【删除目录】选项，可以将插入的目录删除。

4.6 保护【员工档案表】

如果不希望Word文档中的内容被他人看到或修改，那么可以对文档进行加密或通过限制编辑功能限制文档的编辑。本节以保护【员工档案表】为例，讲解如何对文档进行加密和限制文档的编辑。

4.6.1 对文档进行加密

为了防止重要文件被他人窃取，可以在保存文档时进行加密设置。在对保存过的文档进行加密时，可以通过另存文档的方式进行加密设置，然后将原来的文档删除即可。

【例4-14】对文档进行加密 📹 视频

01 打开前面制作的【员工档案表】文档。

02 单击【文件】按钮，在打开的【文件】菜单中选择【另存为】命令，然后单击【浏览】按钮，如图4-71所示。

03 在打开的【另存为】对话框中设置好保存路径和文件名，然后单击【工具】下拉按钮，在弹出的下拉列表中选择【常规选项】命令，如图4-72所示。

图4-71 对文档进行另存　　　　　　图4-72 选择【常规选项】命令

04 在打开的【常规选项】对话框中设置打开和修改文档所需的密码(如123)并单击【确定】按钮，如图4-73所示。

05 在打开的密码确认提示框中再次对打开和修改文档所需的密码进行确认，如图4-74所示。

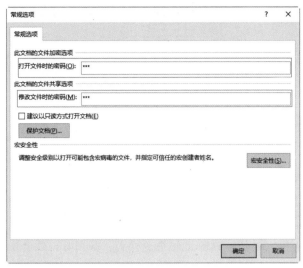

图4-73　设置密码

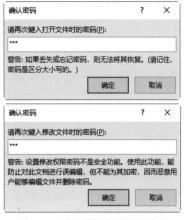

图4-74　对设置的密码进行确认

06 设置好密码后，关闭文档。当再次打开文档时，将弹出【密码】提示框，要求输入打开密码才能打开文档，如图4-75所示。

07 输入打开密码并单击【确定】按钮，将再次弹出【密码】提示框，要求用户继续输入修改密码才能对文档进行修改，如图4-76所示。

图4-75　提示输入打开密码

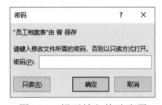

图4-76　提示输入修改密码

提示

在Excel和PowerPoint中对文档进行加密的方法与此处相似。

4.6.2　限制文档的编辑

使用Word 的限制编辑功能，可以控制他人对文档所做的更改类型，例如限制格式的设置、内容的编辑等。

【例4-15】 限制文档的编辑 🎬视频

01 打开【员工档案表】文档。

02 单击【审阅】选项卡，在【保护】组中单击【限制编辑】按钮，如图4-77所示。

03 打开【限制编辑】窗格，选中【限制对选定的样式设置格式】复选框，然后单击【设置】链接，如图4-78所示。

图4-77　单击【限制编辑】按钮

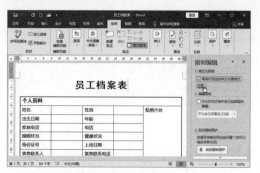

图4-78　单击【设置】链接

04 打开【格式化限制】对话框，选中【限制对选定的样式设置格式】复选框，然后单击【确定】按钮即可，如图4-79所示。

05 在打开的提示框中单击【否】按钮，选择不删除文档中的样式，如图4-80所示。

图4-79　限制对选定的样式设置格式

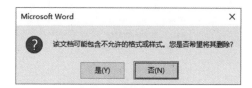

图4-80　单击【否】按钮

06 在【限制编辑】窗格中选中【仅允许在文档中进行此类型的编辑】复选框，在下面的下拉列表框中选择【不允许任何更改(只读)】选项，如图4-81所示。

07 在【限制编辑】窗格中单击【是，启动强制保护】按钮，如图4-82所示。

图4-81　选择允许进行何种类型的编辑

图4-82　单击【是，启动强制保护】按钮

08 在打开的【启动强制保护】对话框中输入强制保护密码(如123)，然后单击【确定】按钮即可对文档的修改权限进行限制，如图4-83所示。

09 当用户对文档进行修改时，在状态栏中将出现无法进行修改的提示，如图4-84所示。

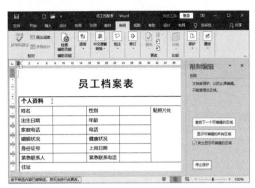

图4-83 输入强制保护密码　　　　　　图4-84 状态栏提示无法进行修改

4.7 打印【合同】

创建好文档之后，在将文档打印出来之前，通常还需要进行页面设置。本节以【合同】文档为例，讲解页面设置和打印操作。

4.7.1 页面设置

用户编辑好文档内容之后，为了使文档中的文字、图片、表格等内容的布局和格式正确，还需要对页面进行设置，才能将文档正确打印出来。

1. 设置页边距

页边距是指页面内容和页面边缘之间的区域，用户可以根据需要设置页边距。

【例4-16】设置文档的页边距 🎬视频

01 打开【合同】文档。下面介绍使用预设样式和自定义方式设置页边距的方法。

02 使用预设样式设置页边距。选择【布局】选项卡，在【页面设置】组中单击【页边距】下拉按钮，在弹出的面板中选择一种预设样式，如图4-85所示，效果如图4-86所示。

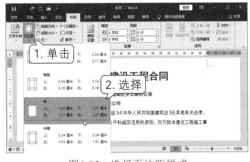

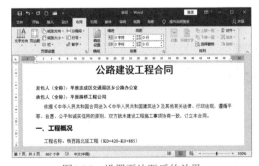

图4-85 选择页边距样式　　　　　　图4-86 设置页边距后的效果

03 使用自定义方式设置页边距。单击【页边距】下拉按钮，在弹出的面板中选择【自定义页边距】选项，如图4-87所示。

04 打开【页面设置】对话框，在【页边距】选项卡中重新设置页边距，然后单击【确定】按钮即可修改文档的页边距，如图4-88所示。

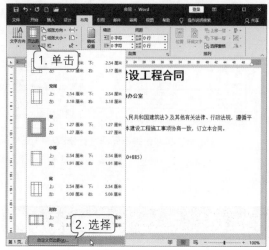

图4-87　选择【自定义页边距】选项

图4-88　重新设置页边距

2. 设置纸张方向

默认情况下，Word采用的是纵向纸张效果，用户可以根据文档布局的需要重新设置纸张的方向为横向。

选择【布局】选项卡，在【页面设置】组中单击【纸张方向】下拉按钮，在弹出的下拉列表中选择【横向】选项，如图4-89所示，效果如图4-90所示。

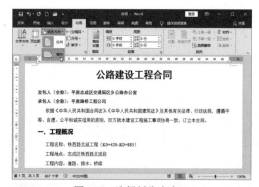

图4-89　选择纸张方向

图4-90　改变纸张方向后的效果

　　　用户也可以在【页面设置】对话框中设置纸张方向。选择【布局】选项卡，单击【页面设置】组中右下角的【页面设置】按钮，打开【页面设置】对话框，在【纸张方向】选项栏中可以设置纸张方向。

3. 设置纸张大小

用户可以根据需要选择不同大小的打印纸对文档进行打印。打印纸的大小不会影响Word文档的排版效果。

选择【布局】选项卡，在【页面设置】组中单击【纸张大小】下拉按钮，在弹出的下拉列表中选择需要的选项即可，一般常用的是A4纸，如图4-91所示。也可以选择【其他纸张大小】选项，打开【页面设置】对话框，在【纸张】选项卡中可以自定义纸张大小，如图4-92所示。

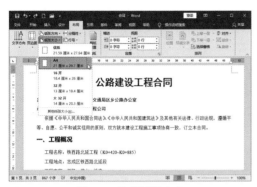

图4-91 选择纸张大小

图4-92 自定义纸张大小

提示　我国采用国际标准规定的纸张规格，以A0、A1、A2、B1、B2等标记来表示纸张的具体规格。其中：A3、A4、A5、A6以及B4、B5、B6这7种规格最为常用。

4. 设置分栏

用户一般使用一栏样式编辑文档，但一些书籍、报纸、杂志等需要使用多栏样式，通过Word可以轻松实现分栏效果。

【例4-17】对选中的文本进行分栏设置 视频

01 打开【散文】素材文档。选中除标题外的所有文本，选择【布局】选项卡，在【页面设置】组中单击【栏】下拉按钮，从弹出的下拉列表中选择【两栏】选项，如图4-93所示。返回到文档中，即可看到选中的文本已分成两栏，效果如图4-94所示。

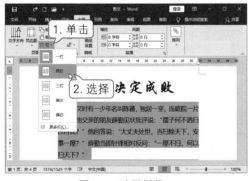

图4-93 选择栏数

图4-94 设置分栏后的效果

02 如果想要详细地设置分栏效果,那么可以通过【栏】对话框来进行。单击【栏】下拉按钮,在弹出的下列列表中选择【更多栏】选项。

03 打开【栏】对话框,可以在【预设】选项区域选择常用的分栏设置,也可以在【栏数】微调框中指定栏数,然后在【宽度和间距】选项区域设置各栏的宽度,如图4-95所示。

04 单击【确定】按钮,即可将选中的文本按设置的参数进行分栏,如图4-96所示。

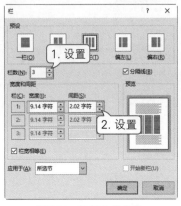

图4-95 设置分栏参数

图4-96 分栏效果

4.7.2 打印预览与打印

为了避免文档的打印效果与页面效果相差太大,用户可以在打印文档前进行打印预览,确认效果满意后再进行打印。

【例4-18】 预览文档的打印效果并打印文档

01 打开【合同】素材文档。单击【文件】按钮,在打开的菜单中选择【打印】命令,即可在预览窗口中预览文档的打印效果,如图4-97所示。

02 在【份数】微调框中设置文档的打印份数(如2份),在【打印机】下拉列表框中选择当前连接的打印机,然后单击【打印】按钮🖶,即可开始打印文档,如图4-98所示。

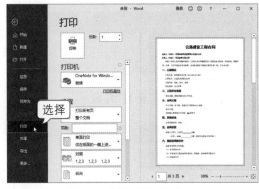

图4-97 选择【打印】命令

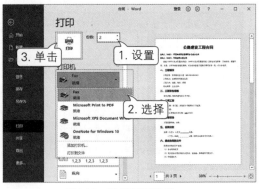

图4-98 设置打印选项

4.8 案例演练——制作【管理考核实施办法】 📹视频

为了进一步加强团队组织的建设，提升工作人员的综合素质，需要制定【管理考核实施办法】。到了年终，就可以对照考核办法对工作人员进行年终考核。下面我们将运用本章所学知识制作【管理考核实施办法】，效果如图4-99所示。

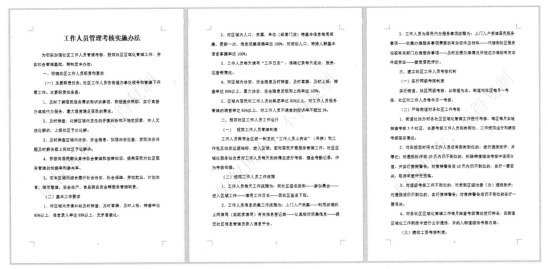

图4-99 案例效果

01 新建一个Word空白文档，单击【快速访问】工具样中的【保存】按钮█，在弹出的面板中选择【浏览】选项，如图4-101所示。

02 打开【另存为】对话框，设置【文件名】为"管理考核实施办法"。然后单击【工具】下拉按钮，在弹出的下拉列表中选择【常规选项】命令，如图4-102所示。

图4-101 选择【浏览】选项

图4-102 选择【常规选项】命令

03 在打开的【常规选项】对话框中设置打开和修改文档所需的密码(如123)，如图4-103所示，单击【确定】按钮。

04 在打开的【确认密码】提示框中再次设置相同的密码以进行确认，如图4-104所示，单击【确定】按钮。

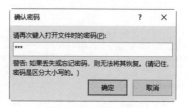

图4-103 设置打开和修改文档所需的密码　　　　　　　　图4-104 确认密码

05 选择【布局】选项卡，在【页面设置】组中单击【纸张大小】下拉按钮，在弹出的下拉列表中选择A4选项，如图4-105所示。

06 在【页面设置】组中单击【页边距】下拉按钮，在弹出的下拉列表中选择【自定义边距】选项，如图4-106所示。

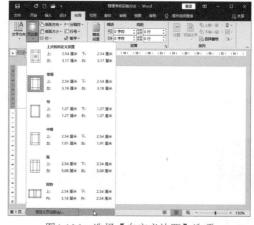

图4-105 选择纸张大小　　　　　　　　　　　　图4-106 选择【自定义边距】选项

07 打开【页面设置】对话框，在【页边距】选项卡中设置上、下页边距为默认值，设置左、右页边距为2.8厘米，然后单击【确定】按钮，如图4-107所示。

08 在文档中输入标题文本，选择【开始】选项卡，设置标题文本的字体为【宋体】、字号为【二号】、对齐方式为【居中】，如图4-108所示。

09 按两次Enter键，从第三行开始创建正文内容，设置正文的字体为【宋体】、字号为【四号】、对齐方式为【两端对齐】，如图4-109所示。

10 选择【插入】选项卡，单击【页眉和页脚】组中的【页码】下拉按钮，在弹出的下拉列表中选择【设置页码格式】选项，如图4-110所示。

图4-107 设置页边距

图4-108 创建并设置标题文本

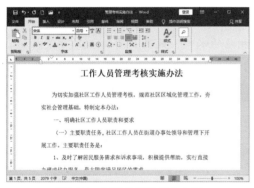

图4-109 创建并设置正文内容

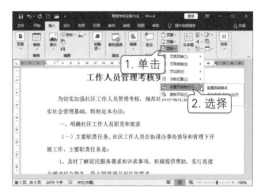

图4-110 选择【设置页码格式】选项

⑪ 打开【页码格式】对话框，在【页码编号】选项栏中选中【起始页码】单选按钮，设置起始页码为1，如图4-111所示。

⑫ 选择【插入】选项卡，单击【页眉和页脚】组中的【页码】下拉按钮，在弹出的下拉列表中选择【页面底端】|【普通数字2】选项，如图4-112所示。

图4-111 设置起始页码

图4-112 设置页码的插入位置

⑬ 插入的页码将显示在页面底端的中间位置，如图4-113所示。

⑭ 选择【设计】选项卡，单击【页面背景】组中的【水印】下拉按钮，在弹出的面板中选择【自定义水印】选项，如图4-114所示。

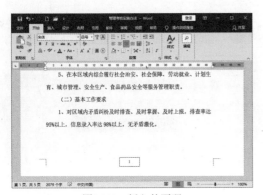

图4-113　插入的页码

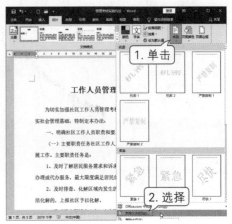

图4-114　选择【自定义水印】选项

⑮ 打开【水印】对话框，选中【文字水印】单选按钮，然后输入文字内容，如图4-115所示。

⑯ 单击【确定】按钮，即可在文档中添加相应的水印，效果如图4-116所示。

⑰ 按Ctrl+S组合键对制作好的文档进行保存。

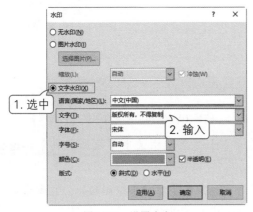

图4-115　设置水印

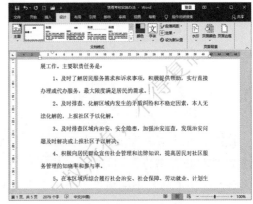

图4-116　添加水印后的效果

第2篇
Excel 2019办公应用

Excel(即Microsoft Office Excel)是一款电子表格软件，也是最早的Office组件之一。Excel内置了很多函数，可以对大量数据进行分类、排序甚至绘制图表等。在Office 2019中，Excel全新的分析和可视化工具可帮助用户跟踪和突出显示重要的数据趋势，并且能够帮助用户在进行移动办公时从Web浏览器或智能手机访问重要数据。用户甚至可以将文件上传到网站并与他人同时在线协作。无论是生成财务报表还是管理个人支出，Excel都能够高效、灵活地实现目标。

学完本篇后，读者将能够制作出人力资源管理、生产管理、销售管理、仓储管理、财务管理等方面的基础表单和统计分析报表。

- ○ 第5章　Excel表格的基本操作
- ○ 第6章　Excel表格的格式化
- ○ 第7章　公式与函数
- ○ 第8章　数据的排序、筛选与汇总
- ○ 第9章　图表分析与数据透视表

第5章
Excel表格的基本操作

Excel可以用于各种数据的处理、统计分析和辅助决策。本章将学习有关Excel的一些基本操作，包括工作表的基本操作、数据的输入和填充、单元格的相关操作等。

 本章重点

- 认识Excel
- 创建工作簿
- 输入数据
- 工作表的基本操作
- 填充数据
- 编辑工作表
- 拆分和冻结工作表

 二维码教学视频

【例5-1】创建【员工信息表】工作簿
【例5-2】在单元格中输入文字文本数据
【例5-4】在单元格中输入日期
【例5-5】设置新建工作簿时的工作表数量
【例5-6】通过单击按钮插入新的工作表
【例5-9】对工作表进行重命名
【例5-10】复制工作表
【例5-11】隐藏和显示工作表
【例5-12】删除工作表
【例5-13】在单元格中快速填充数据
【例5-14】为单元格填充序列
【例5-15】自定义填充
【例5-16】插入单元格
【例5-17】复制单元格
【例5-18】合并单元格
【例5-19】拆分工作表
【例5-20】冻结拆分窗格
案例演练——制作【图书借记表】
案例演练——制作【问卷调查表】

5.1 认识Excel

在应用Excel创建电子表格之前，我们首先需要了解Excel的一些基本知识，包括Excel的主要用途、工作界面和专业术语等。

5.1.1 Excel的主要用途

使用Excel可以执行计算、分析信息并管理电子表格或网页中的数据信息列表，作用主要包括以下几个方面。

- 制作数据表格：在Excel中可以制作数据表格，以行和列的形式对数据进行存储。
- 绘制图形：在Excel中可以使用绘图工具来创建各种样式的图形，使工作表更加生动、美观。
- 制作图表：在Excel中可以使用图表工具，根据表格数据创建图表，从而直观地表达数据的意义。
- 自动化处理：在Excel中可以通过宏功能来进行自动化处理。
- 使用外部数据库：Excel能通过访问不同类型的外部数据库来增强软件自身的数据处理功能。
- 分析数据：Excel具备超强的数据分析功能，可以创建预算并分析财务数据。

5.1.2 Excel专业术语

在Excel中，有一些专用于Excel的常用术语。为了方便用户以后学习和操作，这里先介绍一下Excel的常用术语。

- 工作表：工作表是用于存储和处理数据的主要文档，又称为电子表格，由单元格组成。
- 工作簿：工作簿由一个或多个工作表组成。在Excel 2019中，默认情况下包含一个工作表。
- 单元格：在工作表中，行与列的交叉处为单元格，单元格是组成工作表的最小单位，用于输入各种类型的数据和公式。在Excel中，每张工作表大约由1 000 000行和16 000列组成。
- 单元格地址：在Excel中，每一个单元格都有唯一的单元格地址，可使用列标和行标来表示。例如，选择第2行的B列单元格，编辑栏左侧的名称框中将显示单元格地址为B2。

5.1.3 Excel 2019的工作界面

Excel 2019的工作界面与Word 2019的相似，除了【快速访问】工具栏、标题栏、状态栏、窗口控制按钮、功能区、编辑区等常规界面元素之外，还包括名称框、列标、行标、编辑区、工作表标签等特有的界面元素，如图5-1所示。

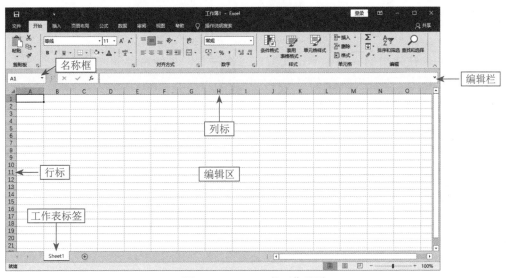

图5-1　Excel 2019的工作界面

○　名称框：用于定义单元格或单元格区域的名称，或者用于根据名称查找单元格或单元格区域。默认状态下，名称框中显示的是当前活动单元格的单元格地址。

○　编辑栏：主要用于输入和修改数据、公式等。在工作表的某个单元格中输入数据时，编辑栏中将会显示相应的属性选项。

○　行标：用数字标识每一行，单击行标可以选择整行单元格。

○　列标：用字母标识每一列，单击列标可以选择整列单元格。

○　编辑区：用于编辑电子表格内容的区域，由多个单元格组成。

○　工作表标签：用于工作表之间的切换和显示当前工作表的名称。

5.2　制作【员工信息表】

在使用Excel之前，我们首先需要掌握Excel的一些基本操作，包括工作簿的创建、保存、关闭以及数据的输入等。本节以【员工信息表】为例，讲解Excel的基本操作，最终效果如图5-2所示。

图5-2　实例效果

5.2.1 创建工作簿

启动Excel，在弹出的界面中单击【空白工作簿】，系统将自动创建一个名为"工作簿1"的空白工作簿。在使用Excel的过程中，用户还可以通过如下两种方式创建工作簿。

- 单击【文件】按钮，在弹出的菜单中选择【新建】命令，然后在【新建】窗格中单击【空白工作簿】，如图5-3所示。
- 单击【快速访问】工具栏右侧的下拉按钮，在弹出的菜单中选择【新建】命令，从而在【快速访问】工具栏中添加【新建】按钮，然后单击这个按钮即可创建一个新的空白工作簿，如图5-4所示。

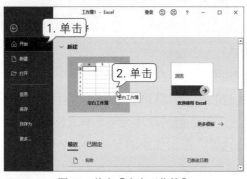

图5-3 单击【空白工作簿】

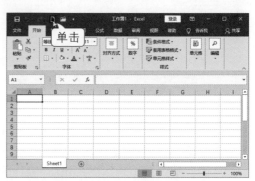

图5-4 单击【新建】按钮

> **提示**
>
> 在完成对Excel工作簿的创建和编辑之后，可以对工作簿中的内容进行保存，也可以对工作簿进行加密。保存、打开、加密、关闭Excel工作簿的操作与Word文档的相应操作相同。

【例 5-1】 创建【员工信息表】工作簿 视频

01 启动Excel，在弹出的界面中单击【空白工作簿】，如图5-5所示，新建一个空白工作簿。

02 如果之前保存过，那么在新建的工作簿中单击【快速访问】工具栏中的【保存】按钮，即可快速保存工作簿，如图5-6所示。

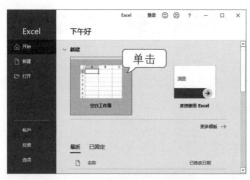

图5-5 单击【空白工作簿】按钮

图5-6 单击【保存】按钮

03 也可以单击【文件】按钮，从弹出的菜单中选择【另存为】命令，在出现的面板中单击【浏览】选项，如图5-7所示。在打开的【另存为】对话框中，可以设置Excel工作簿的名称和保存位置，然后单击【保存】按钮进行保存，如图5-8所示。

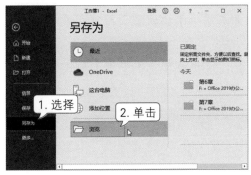

图5-7 单击【浏览】选项

图5-8 设置保存信息

5.2.2 输入数据

在Excel单元格中可以输入多种类型的数据，其中包括文本、日期、数值等类型。掌握不同类型数据的输入方法是使用Excel的必备技能。

1. 输入文字文本数据

文本数据是指以字母、汉字或其他字符开头的数据。针对不同的数据内容，可以采用不同的输入方式。在输入字母或汉字时，可以在选中指定的单元格后，直接输入即可。

☞【例5-2】 在单元格中输入文字文本数据 🎬视频

01 打开前面创建的【员工信息表】工作簿，参照图5-9输入相应的文字文本数据。

02 将光标移到F列的右侧框线上，当光标变成➕形状时向右拖动框线，调整F列的宽度，如图5-10所示。

图5-9 输入文本数据

图5-10 调整F列的宽度

> **提示**
>
> 在单元格中输入完数据后，可以按Enter键完成输入，并自动切换到下一行对应的单元格；也可以通过单击单元格进行活动单元格的切换。

03 选中A1:G1单元格区域，然后单击【合并后居中】按钮，将这些单元格合并居中，如图5-11所示。

04 设置A1单元格中文本的字体为【宋体】、字号为20、字形为【加粗】，效果如图5-12所示。

图5-11 合并单元格

图5-12 设置单元格字体

05 选中D4:D9单元格区域，在编辑栏中输入文本"导购"，如图5-13所示。

06 按Ctrl+Enter组合键，此时你在编辑栏中输入的文本会统一填充到单元格区域D4:D9中，如图5-14所示。

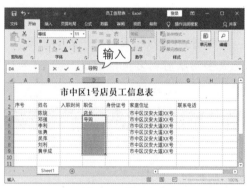

图5-13 输入文本

图5-14 填充文本

2. 输入数字文本数据

在输入由数字组成的文本数据时，如学号、工作证号、身份证号、门牌号等，应在数字前添加英文状态下的单引号，也可以事先设置好单元格的格式类型；否则，以0开头的数字编号将自动删除前面的0，较长的数字则会显示为科学记数形式。

【例 5-3】 在单元格中输入数字文本 视频

01 在A3单元格中输入'001，如图5-15所示。按Enter键完成输入，并自动切换到下一行对应的单元格，效果如图5-16所示。

图5-15 输入数字

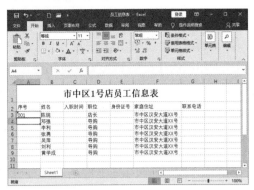

图5-16 完成输入后的效果

02 将光标移至A3单元格的右下角，当光标变成十字形状时，如图5-17所示。按住鼠标左键并向下拖动至A9单元格，对A4:A9单元格区域进行自动填充，如图5-18所示。

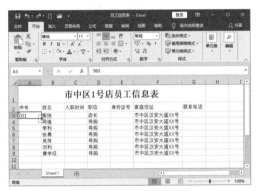

图5-17 将光标移至A3单元格的右下角

图5-18 进行自动填充

03 在E3:E9单元格区域依次输入身份证号，适当调整这一列的宽度，如图5-19所示。

04 在G3:G9单元格区域依次输入电话号码，适当调整这一列的宽度，如图5-20所示。

图5-19 输入身份证号

图5-20 输入电话号码

提示

在单元格中输入数字时，可以事先设置单元格的格式类型为【文本】，然后直接输入数字，就可以得到数字文本效果。

3. 输入日期和时间

默认情况下，在单元格中输入日期或时间数据时，单元格的格式将自动从【常规】格式转换为相应的【日期】或【时间】格式，而不需要事先设定单元格为日期或时间格式。

输入日期时，可以首先输入年份，然后输入数字1~12作为月份，最后输入数字1~31作为日。在输入日期时，需要使用/符号将年、月、日隔开，格式为"年/月/日"；在输入时间时，小时、分、秒之间则用冒号隔开。

【例5-4】 在单元格中输入日期 视频

01 在C3单元格中输入2016/5/1，【数字】组中的【数字格式】将自动变成【日期】，如图5-21所示。

02 使用同样的方法，在C4:C9单元格区域输入2018/8/1，如图5-22所示。

图5-21 输入日期

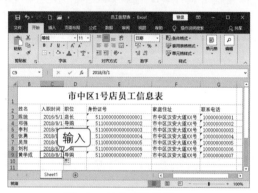
图5-22 输入其他日期

4. 输入数值型数据

在Excel中，数值型数据是使用最普遍的数据类型，由数字、符号等内容组成。用户可以事先设置单元格的格式类型，然后直接在单元格中输入数值；也可以使用如下方法输入对应类型的数值。

- 正数：选中单元格后，直接输入需要的数值即可。
- 负数：在数值的前面添加-，或者为数值添加圆括号。例如，可以输入-30或(30)。
- 分数：在输入分数之前，首先输入0和一个空格，然后输入分数。例如，可以输入0+空格+1/2，即可得到分数1/2。
- 百分数：直接输入数值，然后在数值的后面输入%即可。例如，可以输入50%。
- 小数：直接输入即可。

例如，单击【数字格式】下拉按钮，在弹出的下拉列表中选择【百分比】选项，如图5-23所示。然后在单元格中输入数值，即可得到百分数结果，如图5-24所示。

提示

在单元格中输入小数时，可以通过单击【数字】组中的【增加小数位数】按钮或【减少小数位数】按钮来调整小数位数。

图5-23 选择【百分比】选项

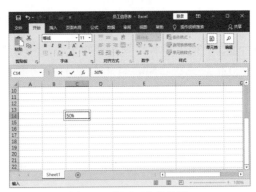

图5-24 得到百分数结果

5.2.3 工作表的基本操作

工作表是Excel窗口中非常重要的组成部分，每个工作表都包含多个单元格，Excel数据主要就是以工作表为单位来存储的。

1. 设置工作表数量

一个工作簿可以包含多个工作表。在早期的Excel版本中，新建的工作簿默认包含三个工作表；而在Excel 2019中，新建的工作簿默认只包含一个工作表。用户可以通过如下方法设置新建工作簿时的工作表数量。

【例 5-5】 设置新建工作簿时的工作表数量 🎬视频

01 单击【文件】按钮，在弹出的菜单中选择【选项】命令，如图5-25所示。

02 打开【Excel选项】对话框，在对话框左侧的列表框中选择【常规】选项，然后在【新建工作簿时】选项栏中修改【包含的工作表数】，如图5-26所示。

03 单击【确定】按钮，在下次新建工作簿时，工作簿将包含指定个数的工作表。

图5-25 选择【选项】命令

图5-26 设置包含的工作表数量

2. 新建工作表

在创建工作表的过程中，如果工作簿中的工作表不够用，那么可以通过单击【新工作表】按钮或使用快捷菜单中的命令在工作簿中创建新的工作表。

【例5-6】 **通过单击按钮插入新的工作表** ⊙视频

01 单击工作表标签右侧的【新工作表】按钮 ⊕，如图5-27所示。

02 系统将在Sheet1工作表的后面插入一个新的工作表，并自动命名为Sheet2，如图5-28所示。

图5-27　单击【新工作表】按钮

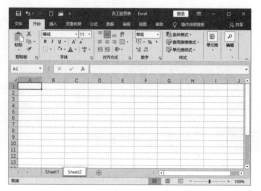

图5-28　插入Sheet2工作表

【例5-7】 **使用功能命令插入新的工作表**

01 切换到【开始】选项卡，在【单元格】组中单击【插入】下拉按钮，在弹出的下拉列表中选择【插入工作表】选项，如图5-29所示

02 系统将在Sheet2工作表的前面插入一个名为Sheet3的工作表，如图5-30所示。

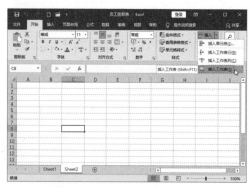

图5-29　选择【插入工作表】选项

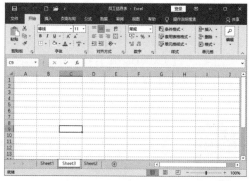

图5-30　插入Sheet3工作表

【例5-8】 **使用快捷菜单插入新的工作表** ⊙视频

01 右击工作表标签，在弹出的快捷菜单中选择【插入】命令，如图5-31所示。

02 打开【插入】对话框，在【常用】选项卡中单击选择【工作表】选项，如图5-32所示。

03 单击【确定】按钮，即可在当前工作表的前面插入一个工作表，如图5-33所示。

提示

　　在工作簿中创建多个工作表后，有些工作表标签会被隐藏。用户可以通过单击工作表标签左侧的 ◀ 和 ▶ 按钮，向左或向右显示隐藏的工作表标签。

图5-31 选择【插入】命令

图5-32 【插入】对话框

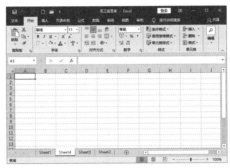

图5-33 插入Sheet4工作表

3. 重命名工作表

在工作簿中创建多个工作表后，为了快速查找需要的工作表，可以对工作表进行重命名。

【例5-9】 对工作表进行重命名 📹视频

01 右击Sheet1工作表标签，在弹出的快捷菜单中选择【重命名】命令，如图5-34所示。

02 工作表标签将变为可编辑状态，重新输入名称"1号店"，如图5-35所示，然后按Enter键完成输入。

图5-34 选择【重命名】命令

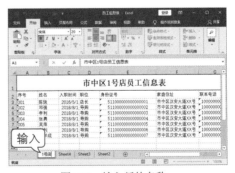

图5-35 输入新的名称

提示

双击工作表标签，也可以对工作表进行重命名。

4. 移动和复制工作表

在Excel中，除了可以重命名工作表之外，还可以移动工作表的位置或对工作表进行复制。

【例5-10】复制工作表 🎬视频

01 选中"1号店"工作表标签并右击，在弹出的快捷菜单中选择【移动或复制】命令，如图5-36所示。

02 打开【移动或复制工作表】对话框，在【下列选定工作表之前】列表框中选择Sheet4选项，然后选中【建立副本】复选框，如图5-37所示。

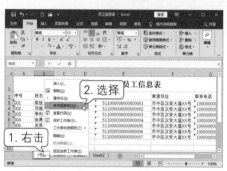

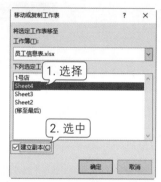

图5-36 选择【移动或复制】命令　　　　　图5-37 【移动或复制工作表】对话框

> **提示**
>
> 在【移动或复制工作表】对话框中取消选中【建立副本】复选框之后，就可以对选中的工作表进行移动。

03 单击【确定】按钮，即可在指定的工作表之前对选中的工作表进行复制，如图5-38所示。

04 对复制的工作表进行重命名，然后修改其中的内容，如图5-39所示。

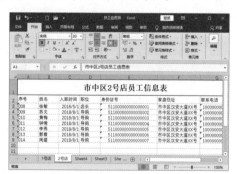

图5-38 复制的工作表　　　　　　　　图5-39 修改复制的工作表

> **提示**
>
> 按住鼠标左键并拖动工作表标签，可以对工作表进行移动；如果在按住Ctrl键的同时拖动工作表标签，则可以对工作表进行复制。

5. 隐藏与显示工作表

在公共场合下，如果不想泄露重要数据，那么可以对这些数据所在的工作表进行隐藏，等需要时再显示出来。

【例5-11】隐藏和显示工作表 视频

01 右击"1号店"工作表标签，在弹出的快捷菜单中选择【隐藏】命令，如图5-40所示。

02 返回到工作簿中，"1号店"工作表便被隐藏了，如图5-41所示。

图5-40　选择【隐藏】命令

图5-41　隐藏"1号店"工作表后的效果

03 右击工作簿中的任意一个工作表标签，在弹出的快捷菜单中选择【取消隐藏】命令，如图5-42所示。

04 打开【取消隐藏】对话框，在【取消隐藏工作表】列表框中选择想要取消隐藏的工作表，然后单击【确定】按钮，即可将指定的工作表显示出来，如图5-43所示。

图5-42　选择【取消隐藏】命令

图5-43　选择想要取消隐藏的工作表

 提示

切换到【开始】选项卡，在【单元格】组中单击【格式】下拉按钮，从弹出的下拉列表中选择【隐藏和取消隐藏】选项，然后就可以在弹出的子选项中分别选择【隐藏行】【隐藏列】【隐藏工作表】【取消隐藏行】【取消隐藏列】【取消隐藏工作表】等命令，对工作表中指定的内容进行隐藏或取消隐藏，如图5-44所示。

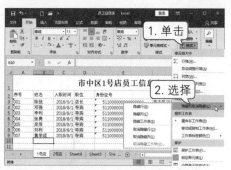

图5-44　隐藏或取消隐藏工作表中指定的内容

6. 删除工作表

当工作簿中存在太多的工作表时，就会影响对工作表的查找效率，这时就需要对工作簿中多余的工作表进行删除。

【例5-12】删除工作表 📹视频

01 选中Sheet4工作表，在按住Ctrl键的同时，选中Sheet3和Sheet2工作表，然后右击，从弹出的快捷菜单中选择【删除】命令，如图5-45所示。此时，选中的Sheet4、Sheet3和Sheet2工作表便被删除了，如图5-46所示。

图5-45　选择【删除】命令

图5-46　删除工作表后的效果

02 选择"1号店"工作表，然后选中除了标题以外的所有内容，单击【所有框线】按钮，为选中的内容添加框线，如图5-47所示。

03 选择"2号店"工作表，使用同样的方法为标题以外的内容添加框线，如图5-48所示。

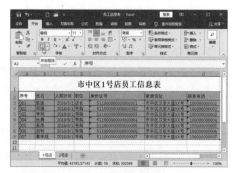

图5-47　单击【所有框线】按钮

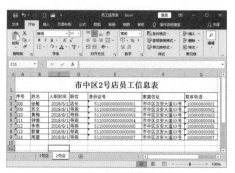

图5-48　添加框线后的效果

5.3　制作【考勤表】

在实际应用中，工作表中的某一行或某一列中的数据经常是一些有规律的序列。对于这样的序列，可以通过使用Excel的自动填充功能来填充数据。自动填充是指将用户选择的起始单元格中的数据，复制或按序列规律延伸到所在行或列的其他单元格中。本节以制作【考勤表】为例，讲解Excel的自动填充功能，最终效果如图5-49所示。

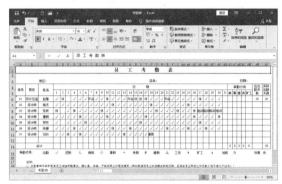

图5-49　实例效果

5.3.1　快速填充数据

选择单元格后，单元格右下角出现的实心小方块为填充柄。使用活动单元格右下角的填充柄，可以在同一行或同一列中填充有规律的数据。用户可以分别向上、下、左、右四个方向拖动填充柄，从而进行数据填充。

【例5-13】在单元格中快速填充数据 🎬视频

01 打开【考勤表】素材工作簿。在A6单元格中输入数字'01，如图5-50所示。按Enter键确认后，即可在A6单元格中得到编号01，如图5-51所示。

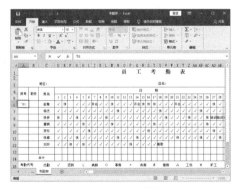

图5-50　输入数字

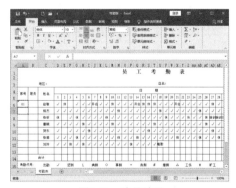

图5-51　编号效果

02 将光标移至A6单元格的右下角，当出现填充柄时按住鼠标左键并向下拖动至A12单元格，如图5-52所示。释放鼠标后，A7:A12单元格区域便会按升序填充编号，效果如图5-53所示。

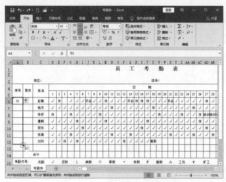

图5-52 向下拖动填充柄

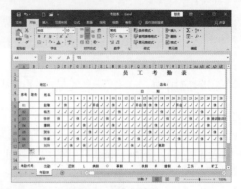

图5-53 填充效果

> **提示**
>
> 单击自动填充后的单元格右下方的【自动填充选项】按钮，在弹出的下拉列表中可以选择自动填充方式，如图5-54所示。例如，如果选中【复制单元格】单选按钮，得到的将是复制单元格的效果，如图5-55所示。

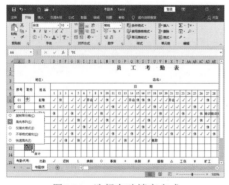

图5-54 选择自动填充方式

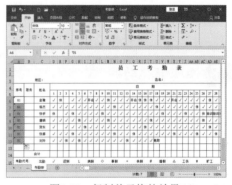

图5-55 复制单元格的效果

03 在B6单元格中输入文本"设计总监"，在B7单元格中输入文本"设计师"，如图5-56所示。

04 将光标移至B7单元格的右下角，当出现填充柄时，按住鼠标左键并向下拖至B12单元格，对B8:B12单元格区域进行自动填充，效果如图5-57所示。

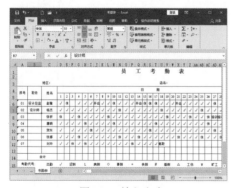

图5-56 输入文本

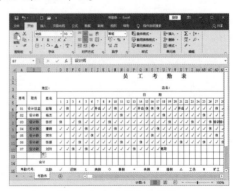

图5-57 自动填充单元格

5.3.2 设置序列填充

快速填充适用的规则范围很小，如果需要填充比较复杂的数据，就需要设置序列填充。

【例5-14】为单元格填充序列 🎬视频

01 新建一个空白工作簿。在A1单元格中输入起始数据1，然后选中需要填充的A1:A10单元格区域，如图5-58所示。

02 切换到【开始】选项卡，在【编辑】组中单击【填充】下拉按钮⬇▾，在弹出的下拉列表中选择【序列】选项，如图5-59所示。

图5-58 选择需要填充的单元格区域

图5-59 选择【序列】选项

03 打开【序列】对话框，选中【列】和【等比序列】单选按钮，设置【步长值】为2，如图5-60所示。

04 单击【确定】按钮，Excel将自动以1为首项、倍数为2的等比序列填充选中的单元格区域，如图5-61所示。

图5-60 【序列】对话框

图5-61 填充等比序列后的效果

在【序列】对话框中，各个选项的作用分别如下。

- ○ 【序列产生在】：用于选择数据序列是填充在行中还是填充在列中。
- ○ 【类型】：用于选择数据序列的产生规律。
- ○ 【预测趋势】：选中后，可以使Excel根据所选单元格的内容自动选择适当的序列。
- ○ 【步长值】：当前值或默认值与下一个值之间的差，可以是正数，也可以是负数，正的步长值表示递增。

5.3.3 自定义填充

在Excel中，用户可以自定义想要填充的数据。例如，设置填充数据的一部分为固定内容，另一部分由系统自动填充。

【例5-15】自定义填充 🎬视频

01 新建一个空白工作簿。选中A1:A10单元格区域，切换到【开始】选项卡，单击【数字】组右下角的【数字格式】按钮，如图5-62所示。

02 打开【设置单元格格式】对话框，在【数字】选项卡的【分类】列表框中选择【自定义】选项，在【类型】文本框中输入"玉溪路#号"文本，单击【确定】按钮，如图5-63所示。

图5-62　单击【数字格式】按钮　　　　　　　图5-63　设置自定义类型

03 在A1单元格中输入1，然后按Enter键，A1单元格中会自动填充"玉溪路1号"，如图5-64所示。

04 在按住Ctrl键的同时，拖动A1单元格的填充柄，以序列方式填充A2:A10单元格区域。可以看到，在添加的文本中，#将被自动替换，其他文本则没有变化，如图5-65所示。

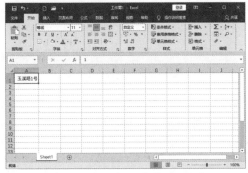

图5-64　填充自定义类型后的效果　　　　　　图5-65　使用序列方式填充A2:A10单元格区域

5.4 制作【财务收支表】

单元格是Excel存储数据的最小单元，Excel操作主要是针对单元格进行的，因此熟练掌握单元格的相关操作是使用Excel的基础。本节以制作【财务收支表】为例，讲解单元格的插入、删除、合并等操作，最终效果如图5-66所示。

图5-66　实例效果

5.4.1 插入单元格

在处理工作表数据的过程中，经常会因为前期操作失误而缺少一些需要的数据，这就需要通过插入单元格来进行弥补。在Excel中，可以通过多种方式插入所需的单元格。

【例5-16】插入单元格 🎬视频

01 新建一个空白工作簿，将其命名为"财务收支表"。

02 参照图5-67，依次输入文本内容，设置字体为【宋体】、字号为11磅、对齐方式为【居中】和【垂直居中】。

03 选中A1单元格，切换到【开始】选项卡，在【单元格】组中单击【插入】下拉按钮，在弹出的下拉列表中选择【插入单元格】选项，如图5-68所示。

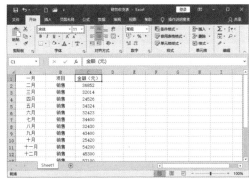

图5-67　输入文本内容

图5-68　选择【插入单元格】选项

04 打开【插入】对话框，选中【活动单元格下移】单选按钮，如图5-69所示。单击【确定】按钮，即可在原来的A1单元格的上方插入一个单元格，原来的单元格将向下移动，如图5-70所示。

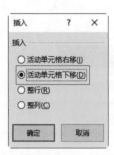

图5-69 选中【活动单元格下移】单选按钮

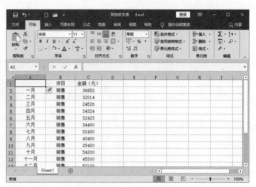

图5-70 插入单元格

05 在插入的单元格中输入"月份"文本，设置字体为【宋体】、字号为11磅、对齐方式为【居中】和【垂直居中】，如图5-71所示。

06 选中A1单元格，在【单元格】组中单击【插入】下拉按钮，在弹出的下拉列表中选择【插入单元格】选项，在打开的【插入】对话框中选中【整行】单选按钮，如图5-72所示。

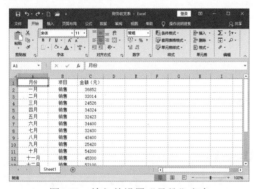

图5-71 输入并设置"月份"文本

图5-72 选中【整行】单选按钮

07 单击【确定】按钮，即可在原来的A1单元格的上方插入一行单元格，如图5-73所示。

08 在插入的单元格中输入标题文本，设置字体为【宋体】、字号为18磅、对齐方式为【垂直居中】，如图5-74所示。

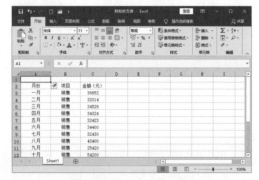

图5-73 插入一行单元格

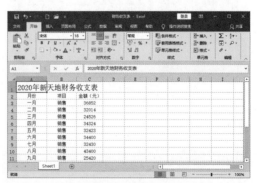

图5-74 输入并设置标题文本

09 右击第2行的行标，在弹出的菜单中选择【插入】命令，如图5-75所示，即可在第2行的上方插入一行单元格，如图5-76所示。

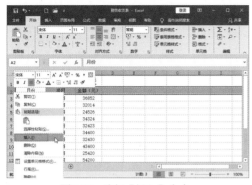

图5-75 选择【插入】命令

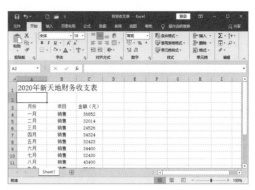

图5-76 插入一行单元格

10 在插入的单元格中输入"收入"文本，设置字体为【宋体】、字号为11磅，如图5-77所示。

提示

　　右击单元格，在弹出的菜单中选择【插入】命令，如图5-78所示，在打开的【插入】对话框中可以进行单元格的插入设置。

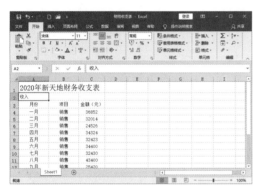

图5-77 输入并设置"收入"文本

图5-78 选择【插入】命令

5.4.2 删除单元格

当工作表中存在多余的单元格及数据时，可以首先选中想要删除的单元格，然后在【单元格】组中单击【删除】下拉按钮，在弹出的下拉列表中可以选择删除方式，如图5-79所示。

○ 【删除单元格】：可在打开的【删除】对话框中进行单元格的删除设置，如图5-80所示。

○ 【删除工作表列】/【删除工作表行】：用于删除所选单元格所在的整列或整行单元格。

○ 【删除工作表】：用于删除当前工作表。

图5-79 选择删除方式

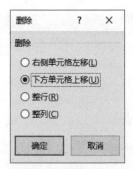

图5-80 【删除】对话框

> **提示**
>
> 右击某个单元格，从弹出的菜单中选择【删除】命令，可在打开的【删除】对话框进行单元格的删除设置；右击某列或某行单元格，从弹出的菜单中选择【删除】命令，可以删除对应的整列或整行单元格。

5.4.3 复制单元格

对于工作表中比较常用的单元格数据，可以使用复制与粘贴的方法来简化操作过程。

【例5-17】复制单元格 视频

01 选中A2:C15单元格区域，按Ctrl+C组合键，或者切换到【开始】选项卡，在【剪贴板】组中单击【复制】按钮，如图5-81所示。

02 选中E2单元格，按Ctrl+V组合键，或者在【剪贴板】组中单击【粘贴】按钮，对复制的单元格进行粘贴，如图5-82所示。

图5-81 复制单元格

图5-82 粘贴单元格

03 选中D2单元格，将其中的文本"收入"修改为"支出"，如图5-83所示。

04 对E列和F列中的数据进行修改，如图5-84所示。

图5-83　修改D2单元格中的数据　　　　图5-84　修改E列和F列中的数据

> **提示**
>
> 复制完单元格后，在【剪贴板】组中单击【粘贴】下拉按钮，在弹出的面板中可以选择粘贴方式，如图5-85所示。当选择【选择性粘贴】选项时，将打开【选择性粘贴】对话框，从中可以进行更详细的粘贴设置，如图5-86所示。

图5-85　单击【粘贴】下拉按钮

图5-86　【选择性粘贴】对话框

5.4.4　移动单元格

当需要移动工作表中的单元格时，可以使用拖动单元格的方式移动单元格；也可以按Ctrl+X组合键或单击【剪贴板】组中的【剪切】按钮✂，对单元格进行剪切，然后通过粘贴单元格的方式对指定的单元格进行移动。

5.4.5　合并单元格

合并单元格也是常用的Excel技巧。根据所要实现的效果，有时需要对相邻的多个单元格进行合并。

【例5-18】合并单元格 📹视频

01 选中A1:F1单元格区域，切换到【开始】选项卡。在【对齐方式】组中单击【合并后居中】按钮🗇，如图5-87所示；即可合并选中的单元格，效果如图5-88所示。

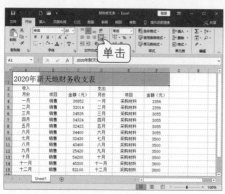

图5-87　单击【合并后居中】按钮

图5-88　合并单元格后的效果

02 选中A2:C2单元格区域，单击【合并后居中】按钮，对选中的单元格进行合并，如图5-89所示。

03 选中D2:F2单元格区域，单击【合并后居中】按钮，对选中的单元格进行合并，如图5-90所示。

图5-89　合并A2:C2单元格区域

图5-90　合并D2:F2单元格区域

> **提示**
>
> 单击【合并后居中】下拉按钮，在弹出的下拉列表中可以选择单元格的合并方式，如图5-91所示。合并单元格后，可以通过选择【取消单元格合并】选项来对合并的单元格进行拆分。

图5-91　选择单元格的合并方式

5.4.6　清除单元格中的数据

如果只是想清除单元格中的数据，而不想删除单元格，那么可以使用如下3种常用方法。

○ 选中想要清除数据的单元格区域并右击，在弹出的快捷菜单中选择【清除内容】命令，如图5-92所示。

○ 选中想要清除数据的单元格区域，切换到【开始】选项卡，单击【编辑】组中的【清除】下拉按钮，在弹出的下拉列表中选择想要清除的内容，如图5-93所示。

○ 选中想要清除数据的单元格区域，按Delete键即可。

图5-92　选择【清除内容】命令

图5-93　选择想要清除的内容

5.5 拆分与冻结工作表

当工作表中的数据过多时，通过拆分工作表可以很方便地对数据进行核对。另外，通过冻结工作表，可以在滚动工作表时，保持行列标志或其他数据处于可见状态，从而方便查看工作表中的内容。本节以【成绩表】为例，讲解工作表的拆分和冻结操作，最终效果如图5-94所示。

图5-94　实例效果

5.5.1 拆分工作表

拆分工作表是指将工作表按照水平或垂直方向拆分成独立的窗格，并且在每个窗格中，可以独立地显示并滚动到工作表的任意位置。

【例5-19】拆分工作表 ◎视频

01 打开【成绩表】工作簿。选中B4单元格，将此作为工作表的拆分位置。

02 选择【视图】选项卡，单击【窗口】组中的【拆分】按钮，如图5-95所示；即可在指定的位置对工作表进行拆分，效果如图5-96所示。

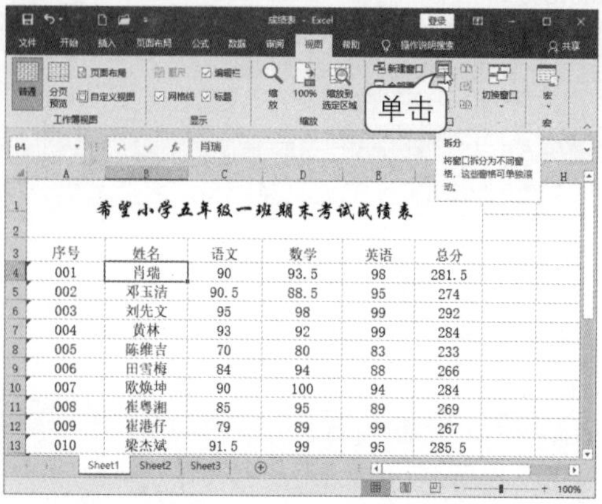

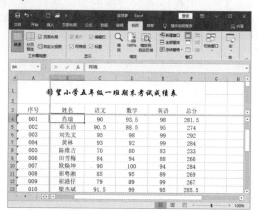

图5-95 单击【拆分】按钮　　　图5-96 工作表拆分后的效果

03 拖动窗口右下方的垂直滚动条，拆分条上方的内容将保持不变，下方的内容则会随着拖动滚动条而发生变化，效果如图5-97所示。

04 拖动窗口右上方的垂直滚动条，拆分条下方的内容将保持不变，上方的内容则会随着拖动滚动条而发生变化，效果如图5-98所示。

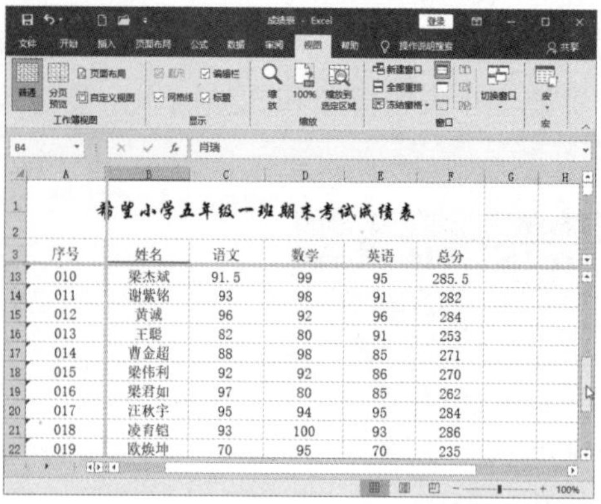

图5-97 拖动窗口右下方的垂直滚动条 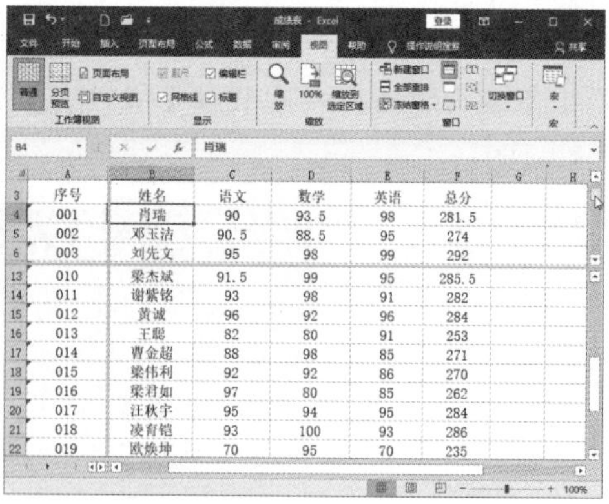　　　图5-98 拖动窗口右上方的垂直滚动条

05 拖动窗口底部的水平滚动条，拆分条左侧的内容将保持不变，右侧的内容则会随着拖动滚动条而发生变化，效果如图5-99所示。

如果想要恢复原来的显示效果，可以再次单击【窗口】组中的【拆分】按钮 以取消拆分条，也可以将光标移到拆分条的交叉处，然后双击即可取消拆分条，如图5-100所示。另外，双击水平或垂直方向上的拆分条，可以相应地取消水平或垂直拆分条。

图5-99　拖动窗口底部的水平滚动条 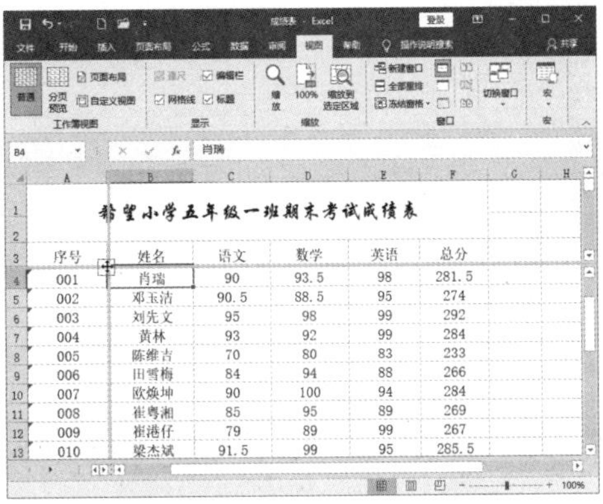　　　　　图5-100　在拆分条的交叉处双击

5.5.2　冻结工作表

在Excel中，冻结工作表的操作包括冻结拆分窗格、冻结首行、冻结首列等情况。选择想要冻结的工作表，单击【窗口】组中的【冻结窗格】下拉按钮 ，在弹出的下拉列表中即可选择窗格的冻结方式。

【例5-20】冻结拆分窗格 视频

01 选中B4单元格，然后单击【窗口】组中的【冻结窗格】下拉按钮 ，在弹出的下拉列表中选择【冻结窗格】选项，如图5-101所示。

02 拖动窗口右侧的垂直滚动条，冻结位置下方的内容会随着拖动滚动条而发生变化，效果如图5-102所示。

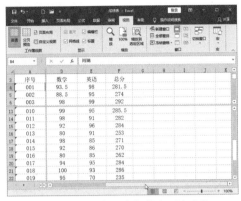

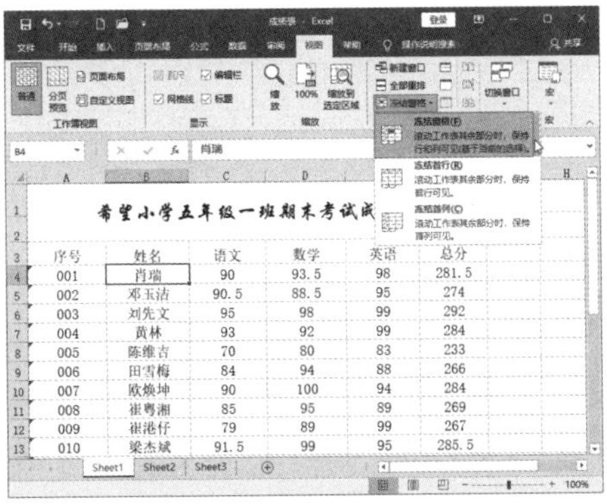

图5-101　选择【冻结窗格】选项 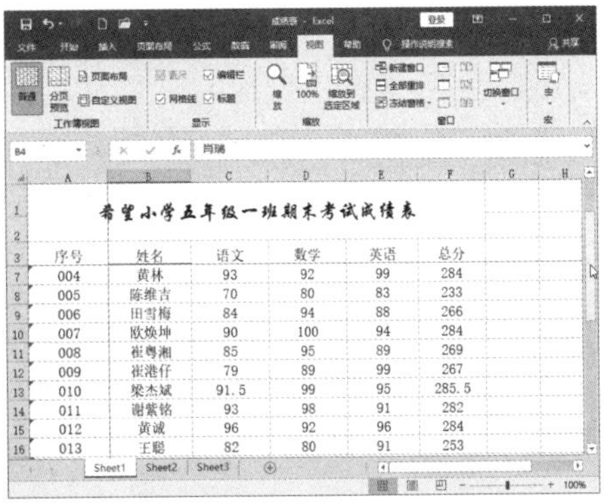　　　　　图5-102　拖动垂直滚动条

在图5-101所示的下拉列表中，各个冻结选项的作用分别如下。

○ 【冻结窗格】：用于冻结活动单元格左侧和顶部的窗格，在滚动工作表的其余部分时，可以保持行和列处于可见状态。

○ 【冻结首行】：用于冻结工作表的首行内容，在滚动工作表的其余部分时，可以保持首行处于可见状态。

○ 【冻结首列】：用于冻结工作表的首列内容，在滚动工作表的其余部分时，可以保持首列处于可见状态。

> **提示**
> 在对工作表进行冻结后，图5-101所示的下拉列表中将会增加【取消冻结窗格】选项，用户可以通过选择这个选项来取消对当前工作表的冻结。

5.6 案例演练

本节将制作【图书借记表】和【问卷调查表】，以帮助读者进一步加深对Excel基础知识的理解程度。

5.6.1 制作【图书借记表】

图书借记表用于记录人们借阅图书的相关信息，是一种常见的Excel文档。下面通过制作【图书借记表】，练习重命名工作表、录入数据、进行序列填充、复制数据等操作，案例效果如图5-103所示。

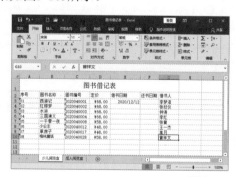 

图5-103　案例效果

01 新建一个空白工作簿，将其命名为"图书借记表"。

02 双击Sheet1工作表标签，将工作表重命名为"少儿阅览室"，如图5-104所示。

03 参照图5-105输入数据内容。设置标题文本的字体为【宋体】、字号为18磅，设置其他文本的字体为【宋体】、字号为11磅。

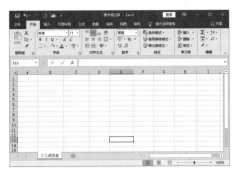

图5-104 重命名工作表

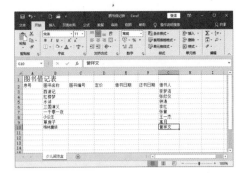

图5-105 输入数据内容

04 选中A1:G1单元格区域，然后在【对齐方式】组中单击【合并后居中】按钮，对单元格进行合并，如图5-106所示。

05 将光标移到第1行的行号下方的边框线上，当光标变成十形状时，按住鼠标左键并向下拖动，调整第一行单元格的高度，如图5-107所示。

图5-106 合并单元格

图5-107 调整行高

06 在A3单元格中输入数字'01，如图5-108所示。

07 拖动A3单元格右下角的填充柄，拖至A10单元格时释放鼠标，即可自动填充数字编号，如图5-109所示。

图5-108 输入起始编号

图5-109 自动填充编号

08 选中C3:C10单元格区域并右击，在弹出的快捷菜单中选择【设置单元格格式】命令，如图5-110所示。

09 打开【设置单元格格式】对话框，在【分类】列表框中选择【文本】选项，单击【确定】按钮，如图5-111所示。

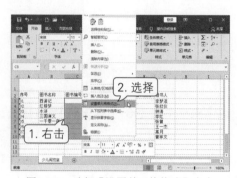

图5-110 选择【设置单元格格式】命令

图5-111 选择【文本】选项

⑩ 在C3单元格中输入图书编号2020040001，如图5-112所示。

⑪ 继续在C4:C10单元格区域中输入图书编号，如图5-113所示。

图5-112 输入图书编号

图5-113 继续输入图书编号

⑫ 选中D3:D10单元格区域，在【数字】组中单击【数字格式】下拉按钮，然后在弹出的下拉列表中选择【货币】选项，如图5-114所示。

⑬ 在D3:D10单元格区域依次输入图书的价格，这些单元格中的数值将自动变为货币样式，如图5-115所示。

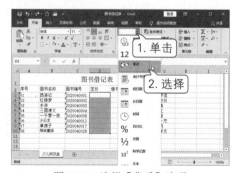

图5-114 选择【货币】选项

图5-115 输入价格

⑭ 选中E3:F10单元格区域，在【数字】组中单击【数字格式】下拉按钮，然后在弹出的下拉列表中选择【短日期】选项，如图5-116所示。

⑮ 在E3单元格中输入借书日期，如图5-117所示。

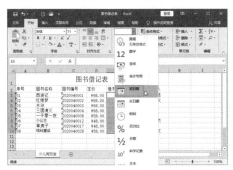

图5-116 选择【短日期】选项

图5-117 输入借书日期

⑯ 按Enter键进行确认，由于单元格的宽度不够，导致日期显示为########样式，如图5-118所示。

⑰ 将光标移到E列的列标右侧的边框线上，当光标变成✛形状时，按住鼠标左键并向右拖动边框线，调整E列单元格的宽度，从而正确显示借书日期，如图5-119所示。

图5-118 借书日期无法正常显示

图5-119 调整E列单元格的宽度

⑱ 使用同样的方法，调整F列单元格的宽度，如图5-120所示。

⑲ 在E4:E10单元格区域继续输入借书日期，如图5-121所示。

图5-120 调整F列单元格的宽度

图5-121 继续输入借书日期

⑳ 选中"少儿阅览室"工作表标签并右击，在弹出的快捷菜单中选择【移动或复制】命令，如图5-121所示。

㉑ 打开【移动或复制工作表】对话框，在【下列选定工作表之前】列表框中选择【(移至最后)】选项，然后选中【建立副本】复选框，如图5-122所示。

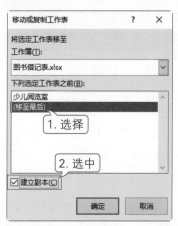

图5-121　选择【移动或复制】命令　　　　　图5-122　【移动或复制工作表】对话框

22 单击【确定】按钮，即可在指定的工作表之前对选中的工作表进行复制，如图5-123所示。

23 右击"少儿阅览室(2)"工作表标签，在弹出的快捷菜单中选择【重命名】命令，如图5-124所示。

图5-123　复制工作表　　　　　　　　　　　图5-124　选择【重命名】命令

24 将复制的工作表重命名为"成人阅览室"，如图5-125所示。

25 修改"成人阅览室"工作表中的数据，如图5-126所示。

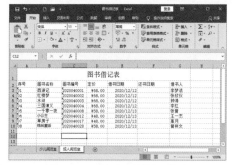

图5-125　重命名复制的工作表　　　　　　图5-126　修改"成人阅览室"工作表中的数据

5.6.2 制作【问卷调查表】 视频

调查问卷又称调查表或询问表，是以问题的形式系统地记载所调查内容的一种印件。下面将通过制作【问卷调查表】，练习输入单元格数据、调整单元格的行高和列宽以及合并单元格等操作，案例效果如图5-127所示。

图5-127 实例效果

01 新建一个空白工作簿，将其命名为"问卷调查表"。

02 在A1单元格中输入问卷调查表的制作单位的名称，设置字体为【宋体】、字号为12磅，在A2单元格中输入问卷调查表的标题文本，设置字体为【黑体】、字号为18磅，如图5-128所示。

03 将光标移至第2行的行号下方的边框线上，当光标变成╋形状时，按住鼠标左键并向下拖动，适当调整第2行单元格的高度，如图5-129所示。

图5-128 输入并设置文本

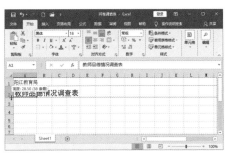

图5-129 调整第2行单元格的高度

04 继续在其他单元格中输入相应的文本，设置字体为【宋体】】、字号为12磅，如图5-130所示。

05 选中A1:R1单元格区域，切换到【开始】选项卡，在【对齐方式】组中单击【合并后居中】按钮🔲，对A1:R1单元格区域进行合并，如图5-131所示。

图5-130　输入其他文本内容

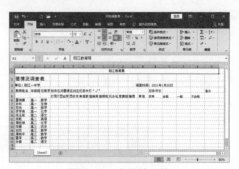

图5-131　合并单元格

06 使用同样的方法，分别对A2:R2、A3:C3、N3:R3、A4:A5、B4:B5、C4:C5、N4:Q4、R4:R5单元格区域进行合并，如图5-132所示。

07 选中A4:R5单元格区域并右击，在弹出的快捷菜单中选择【设置单元格格式】选项，如图5-133所示。

图5-132　合并其他单元格

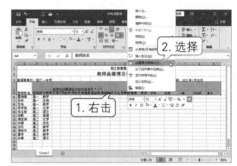

图5-133　选择【设置单元格格式】选项

08 打开【设置单元格格式】对话框，切换到【对齐】选项卡，在【水平对齐】和【垂直对齐】下拉列表框中都选择【居中】选项，在【文本控制】选项栏中选中【自动换行】复选框，如图5-134所示。

09 单击【确定】按钮，得到的对齐效果如图5-135所示。

图5-134　设置对齐方式

图5-135　得到的对齐效果

10 选中A4:R17单元格区域，在【字体】组中单击【边框】下拉按钮，从弹出的下拉列表中选择【所有框线】选项，如图5-136所示，添加边框后的效果如图5-137所示。

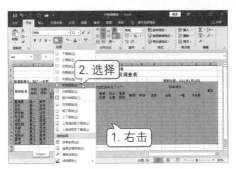

图5-136 选择【所有框线】选项

图5-137 添加边框后的效果

第6章
Excel表格的格式化

通过对Excel表格进行格式化，我们可以在对数据进行存储和处理的同时，实现对数据的版式设计，使Excel表格看起来更加专业、美观。本章将介绍与Excel表格的格式化相关的知识和操作，如单元格格式的设置、表格样式的应用等。

 ### 本章重点

O 设置数据格式
O 应用单元格样式
O 使用条件格式

 ### 二维码教学视频

【例6-1】为单元格设置文本格式
【例6-2】设置单元格中文本的对齐方式
【例6-3】为单元格设置边框
【例6-4】为单元格设置底纹颜色
【例6-5】应用单元格样式
【例6-6】对工作表应用表格样式
【例6-7】对工作表应用条件格式
案例演练——格式化【考试成绩表】

6.1 制作【学生花名册】

在Excel中，可以对单元格进行格式设置，包括设置字体、对齐方式、边框和底纹效果等，从而实现数据的版式设计，使Excel表格看起来更美观。本节将通过制作【学生花名册】，讲解单元格格式的设置操作，最终效果如图6-1所示。

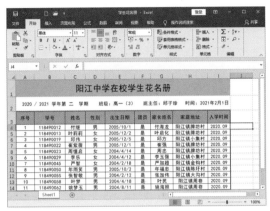

图6-1　实例效果

6.1.1 设置文本格式

选中想要设置文本格式的单元格区域，切换到【开始】选项卡，在【字体】组中可以设置文本的字体、字号和颜色等；也可以在【字体】组中单击【字体设置】按钮，在打开的【设置单元格格式】对话框中设置文本格式。

【例 6-1】 为单元格设置文本格式 视频

01 创建一个空白工作簿，将其命名为"学生花名册"，在A1单元格中输入标题文本，如图6-2所示。

02 选中A1单元格，在【字体】组中设置字体为【黑体】、字号为20磅、效果如图6-3所示。

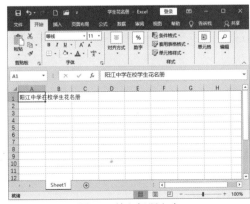

图6-2　输入标题文本

图6-3　为单元格设置文本格式

[03] 将光标移到第1行的行号下方的边框线上，当光标变成╋形状时，按住鼠标左键并向下拖动边框线，调整第1行单元格的高度，如图6-4所示。

[04] 参照图6-5，依次输入文本内容，设置文本的字体为【黑体】、字号为11磅。

图6-4　调整第1行单元格的高度

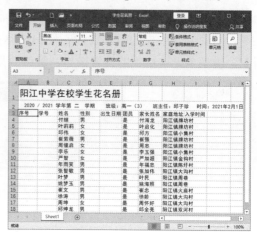

图6-5　输入文本内容

[05] 将光标移到H列的列标右侧的边框线上，当光标变成╋形状时，按住鼠标左键并向右拖动边框线，调整H列单元格的宽度，如图6-6所示。

[06] 继续调整B列、E列和I列单元格的宽度，效果如图6-7所示。

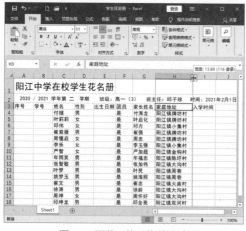

图6-6　调整H单元格的宽度

图6-7　调整B列、E列和I列单元格的宽度

[07] 选中A4:B18单元格区域，然后在【数字】组中单击【数字格式】下拉按钮，在弹出的下拉列表中选择【文本】格式，如图6-8所示。

[08] 在A4单元格中输入序号1，如图6-9所示。

[09] 将光标移至A4单元格的右下角，当出现填充柄时，按住鼠标左键并向下拖至A18单元格，对A5:A18单元格区域进行自动填充，如图6-10所示。

[10] 参照图6-11输入学号信息。

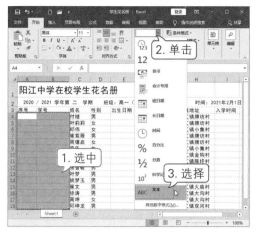

图6-8　选择【文本】格式

图6-9　输入序号1

图6-10　自动填充序号

图6-11　输入学号

⑪ 选中E4:E18和I4:I18单元格区域，然后在【数字】组中单击【数字格式】下拉按钮，在弹出的下拉列表中选择【短日期】格式，如图6-12所示。

⑫ 在E列和I列单元格中分别输入学生的出生日期和入学时间，如图6-13所示。

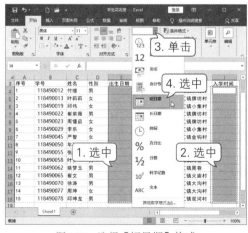

图6-12　选择【短日期】格式

图6-13　输入学生的出生日期和入学时间

6.1.2 设置对齐方式

Excel默认的对齐方式是文本左对齐、数字右对齐，用户也可以按照自己的需求对文本进行居中设置。

【例6-2】 设置单元格中文本的对齐方式 📹视频

01 选中A1:I1单元格区域，然后单击【合并后居中】按钮，如图6-14所示。将这些单元格合并居中，效果如图6-15所示。

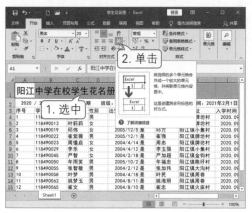

图6-14　单击【合并后居中】按钮

图6-15　合并居中表格中的第1行单元格

02 选中A2:I2单元格区域，然后单击【合并后居中】按钮，将这些单元格合并居中，如图6-16所示。

03 选中A3:I18单元格区域，单击【对齐方式】组右下角的【对齐设置】按钮，如图6-17所示。

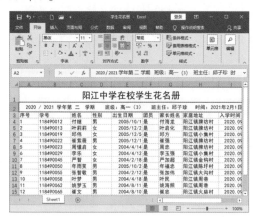

图6-16　合并居中表格中的第2行单元格

图6-17　单击【对齐设置】按钮

04 打开【设置单元格格式】对话框，在【对齐】选项卡中设置文本的水平和垂直对齐方式为【居中】，如图6-18所示。

05 单击【确定】按钮，效果如图6-19所示。

图6-18 设置居中对齐

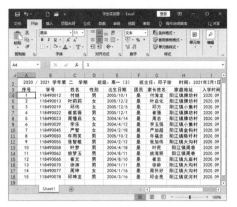

图6-19 将文本居中对齐后的效果

在图6-18中，【对齐】选项卡中主要选项的作用分别如下。

○ 【水平对齐】：用于设置文本的水平对齐方式，可以选择【常规】【靠左(缩进)】
【居中】【靠右(缩进)】【两端对齐】等对齐选项。

○ 【垂直对齐】：用于设置文本的垂直对齐方式，可以选择【靠上】【居中】【靠
下】【两端对齐】等对齐选项。

○ 【两端分散对齐】：选中后，Excel将以单元格两端为文本的开始和结束位置，在
水平或垂直方向上平均分散文本以进行对齐。

○ 【自动换行】：选中后，Excel将根据单元格的列宽对文本进行拆分，并自动调整
单元格的行高。

○ 【缩小字体填充】：选中后，Excel将自动减小单元格中字符的大小，以使数据的
高度、宽度与单元格的行高、列宽一致。

○ 【合并单元格】：选中后，便可以对所选的单元格区域进行合并。

○ 【方向】：用于调整文本的显示方向。在下方的微调框中输入具体的数值或拖动
【文本】指针，即可调整文本的显示方向。

> **提示**
>
> 选中【自动换行】复选框后，Excel将根据单元格的列宽对其中的文本自动进
> 行换行。如果想要自定义换行，那么可以将光标定位到需要换行的位置，然后按
> Alt+Enter组合键即可。

6.1.3 设置边框

默认情况下，Excel中显示的单元格边线并不是单元格的边框线，而是网格线，它们
在打印时并不会显示出来。用户可以自行添加边框，从而使打印出来的表格具有实际的边
框线。

【例6-3】 为单元格设置边框 视频

01 选中A3:I18单元格区域,在【字体】组中单击【边框】下拉按钮⊞▾,从弹出的下拉列表中选择【所有框线】选项,如图6-20所示,即可为所选单元格添加框线,效果如图6-21所示。

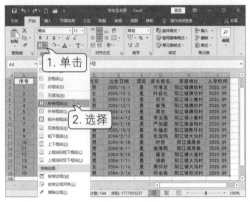

图6-20 选择【所有框线】选项

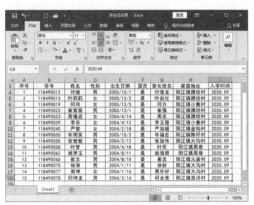

图6-21 为所选单元格添加框线

02 选中A3:I18单元格区域,在【字体】组中单击【边框】下拉按钮⊞▾,在弹出的下拉列表中选择【其他边框】选项,如图6-22所示。

03 打开【设置单元格格式】对话框,选择【边框】选项卡,在【样式】列表框中选择较粗的线条,在【颜色】下拉列表框中选择【红色】选项,然后单击【外边框】选项,如图6-23所示。

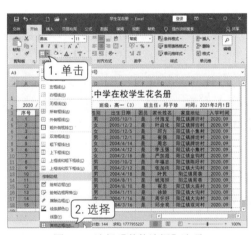

图6-22 选择【其他边框】选项

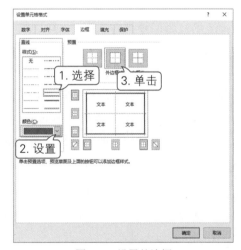

图6-23 设置外边框

04 单击【确定】按钮,即可为选中的单元格区域设置外边框,效果如图6-24所示。

> **提示**
>
> 在【设置单元格格式】对话框的【边框】选项卡中单击【无】选项;或在【字体】组中单击【边框】下拉按钮⊞▾,在弹出的下拉列表中选择【无框线】选项,都可以取消单元格的框线效果。

图6-24 为所选单元格区域添加外边框

6.1.4 设置底纹

通过为单元格设置底纹颜色或图案，既可以美化工作表的外观，也可以突出显示其中的特殊数据。

【例6-4】 为单元格设置底纹颜色 🎬视频

01 选中A1单元格，在【字体】组中单击【填充颜色】下拉按钮，在弹出的面板中选择【橙色】作为填充颜色，即可为选中的A1单元格填充橙色底纹，如图6-25所示。

02 选中A3:I3单元格区域并右击，在弹出的快捷菜单中选择【设置单元格格式】命令，如图6-26所示。

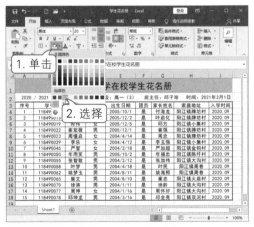

图6-25 选择【橙色】

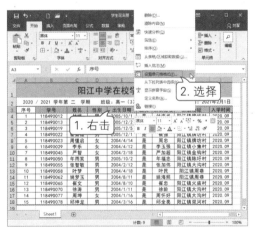

图6-26 选择【设置单元格格式】命令

03 打开【设置单元格格式】对话框，切换到【填充】选项卡，在【背景色】选项栏下方的颜色区选择一种颜色作为填充颜色，如图6-27所示。

04 单击【确定】按钮，即可为选中的单元格区域填充所选的颜色，如图6-28所示。

图6-27　选择填充颜色

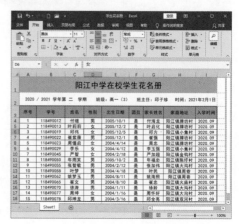

图6-28　为所选的单元格区域填充颜色

6.2 设置工作表样式

在Excel中，既可以通过应用表格样式对单元格的数字格式、对齐方式、颜色、边框等内容进行快速设置，也可以通过应用条件格式将工作表中的数据筛选出来，还可以通过添加颜色来突出显示单元格中的数据。下面以【电器销售表】为例，讲解在Excel中应用表格样式和条件格式的相关操作，最终效果如图6-29所示。

图6-29　实例效果

6.2.1 应用单元格样式

样式是格式设置的集合，使用单元格样式可以一次性应用多种格式，从而使单元格的格式保持一致。

【例6-5】　应用单元格样式 💿视频

01 新建一个空白工作簿，命名为"电器销售表"，然后参照图6-30输入文本内容，并适当调整单元格的行高和列宽。

02 选中A1:E1单元格区域，单击【对齐方式】组中的【合并后居中】按钮 ，对选中的单元格进行合并，如图6-31所示。

图6-30　输入文本内容

图6-31　合并单元格

03 选中A1单元格，单击【样式】组中的【单元格样式】下拉按钮，在弹出的面板中选择【标题1】，如图6-32所示。

04 返回到工作表中，即可为选中的单元格应用指定的单元格样式，效果如图6-33所示。

图6-32　选择想要应用的单元格样式

图6-33　应用单元格样式后的效果(一)

05 选中A2:E2单元格区域，单击【样式】组中的【单元格样式】下拉按钮，在弹出的面板中选择【适中】，如图6-34所示。

06 返回到工作表中，即可为选中的单元格区域应用指定的单元格样式，效果如图6-35所示。

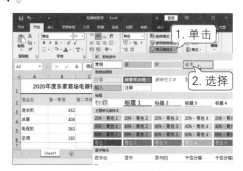

图6-34　选择【适中】

图6-35　应用单元格样式后的效果(二)

[07] 选中A3:E6单元格区域，单击【样式】组中的【单元格样式】下拉按钮，在弹出的面板中选择【着色 6】，如图6-36所示。

[08] 返回到工作表中，即可为选中的单元格区域应用指定的单元格样式，效果如图6-37所示。

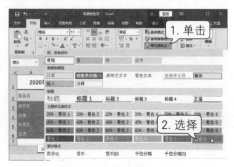

图6-36　选择【着色 3】

图6-37　应用单元格样式后的效果(三)

默认情况下，在单击【单元格样式】下拉按钮后，弹出的下拉面板中提供了5种类型的单元格样式，它们的功能如下：

○ 【好、差和适中】：用于设置普通样式。

○ 【数据和模型】：用于设置数据和模型的样式。

○ 【标题】：用于设置标题样式。

○ 【主题单元格样式】：用于设置主题类型的样式。

○ 【数字格式】：用于设置数字格式。

6.2.2　应用表格样式

Excel自带了一些比较常见的表格样式，通过自动套用这些表格样式，可以快捷、高效地实现想要的表格效果。

【例6-6】 对工作表应用表格样式 视频

[01] 选择A2:E6单元格区域作为想要套用表格样式的目标区域，单击【样式】组中的【套用表格格式】下拉按钮，在弹出的面板中选择想要套用的表格样式，如图6-38所示。

[02] 在打开的【套用表格式】对话框中设置【表数据的来源】，如图6-39所示。

图6-38　选择想要套用的表格样式

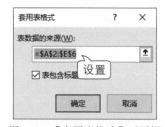

图6-39　【套用表格式】对话框

03 在【套用表格式】对话框中单击【确定】按钮，即可套用选择的表格样式，效果如图6-40所示。

04 在套用表格样式后，首行的标题处将出现下拉按钮，单击这些下拉按钮，可以对其中的数据进行排序和筛选，如图6-41所示。

图6-40 套用表格样式后的效果

图6-41 排序和筛选数据

提示

如果在【套用表格式】对话框中选中【表包含标题】复选框，那么表格的第1行将自动套用所选表格样式中的标题样式。

6.2.3 使用条件格式

选择想要应用条件格式的单元格区域，然后单击【样式】组中的【条件格式】下拉按钮，在弹出的下拉列表中选择需要的条件命令并进行设置即可。

【例6-7】 对工作表应用条件格式 📹视频

01 选中A3:E6单元格区域，单击【样式】组中的【条件格式】下拉按钮，在弹出的下拉列表中选择【突出显示单元格规格】|【大于】命令，如图6-42所示。

02 打开【大于】对话框，设置突出显示的条件，如图6-43所示。

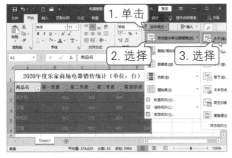

图6-42 选择条件命令(一)

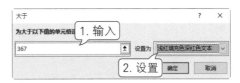

图6-43 设置突出显示的条件

03 单击【确定】按钮，即可突出显示满足条件的单元格，效果如图6-44所示。

04 选中A3:E6单元格区域，单击【样式】组中的【条件格式】下拉按钮，在弹出的下

拉列表中选择【最前/最后规则】|【前10项】命令，如图6-45所示。

图6-44　突出显示满足条件的单元格

图6-45　选择条件命令(二)

05 打开【前10项】对话框，在数字微调框中输入5，然后设置满足条件的单元格的填充颜色，如图6-46所示。

06 单击【确定】按钮，即可更改满足条件的单元格的填充颜色，效果如图6-47所示。

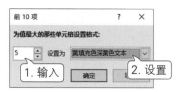

图6-46　设置条件

图6-47　更改满足条件的单元格的填色颜色

6.2.4　新建条件格式

除了使用Excel自带的条件格式之外，用户也可以根据需要新建条件格式，以便后面使用。

单击【条件格式】下拉按钮，在弹出的下拉列表中选择【新建规则】选项，如图6-48所示。在打开的【新建格式规则】对话框中，设置条件格式的规则，最后单击【确定】按钮即可，如图6-49所示。

图6-48　选择【新建规则】选项

图6-49　设置条件格式的规则

6.2.5　清除条件格式

在对单元格区域应用条件格式后，条件格式是不能使用普通的格式设置进行清除的。要想清除单元格或单元格区域的条件格式，应执行如下操作：选择想要清除条件格式的单元格或单元格区域，然后单击【条件格式】下拉按钮，在弹出的下拉列表中选择【清除规则】命令，最后根据需要在【清除规则】命令的子命令中选择想要清除哪些规则，如图6-50所示，即可清除所选单元格或单元格区域的条件格式，如图6-51所示。

图6-50　选择想要清除哪些规则

图6-51　清除所选单元格区域的条件格式

6.3　案例演练——格式化【考试成绩表】 🎬视频

考试成绩表是一种十分常见的Excel表格，能方便学校老师全面分析学生考试情况。本节将通过格式化【考试成绩表】，帮助读者进一步掌握与Excel表格的格式化相关的操作，案例效果如图6-52所示。

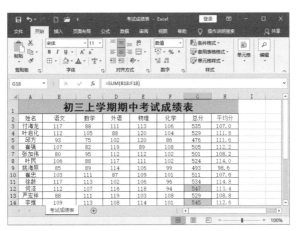

图6-52　案例效果

01 打开【考试成绩表】工作簿，如图6-53所示。

02 选中A1单元格，在【开始】选项卡的【字体】组中设置标题文本的字体为【黑体】、字号为20磅，然后单击【加粗】按钮 **B**，如图6-54所示。

图6-53　【考试成绩表】工作簿

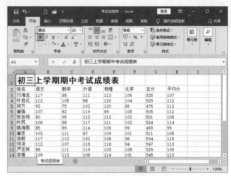

图6-54　设置标题文本

03 选中A1:H1单元格区域，然后单击【对齐方式】组中的【合并后居中】按钮，对标题单元格进行合并居中，效果如图6-55所示。

04 选中H列单元格，然后单击【数字】组中的【数字格式】按钮，在打开的【设置单元格格式】对话框中选择【分类】列表框中的【数值】选项，然后设置【小数位数】为1，如图6-56所示。

图6-55　合并居中标题单元格

图6-56　设置小数位数

05 单击【设置单元格格式】对话框中的【确定】按钮，即可将H列单元格中的数字设置为1位小数，效果如图6-57所示。

06 选中标题单元格以外的包含数据的单元格区域，单击【对齐方式】组中的【居中】按钮，对选中的文本进行居中显示，如图6-58所示。

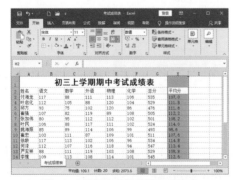

图6-57　设置H列单元格中的数字

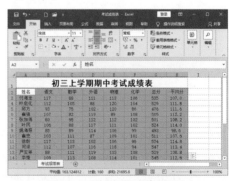

图6-58　居中显示选中的文本

07 选择标题单元格以外的包含数据的单元格区域，单击【字体】组中的【边框】下拉按钮，在弹出的下拉列表中选择【所有框线】选项，如图6-59所示，添加边框后的效果如图6-60所示。

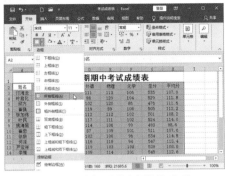
图6-59 选择【所有框线】选项

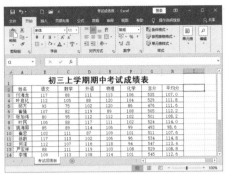
图6-60 添加边框后的效果

08 选中A1标题单元格，单击【字体】组中的【填充颜色】下拉按钮 🖌，在弹出的面板中选择【橙色】，如图6-61所示，标题单元格填充颜色后的效果如图6-62所示。

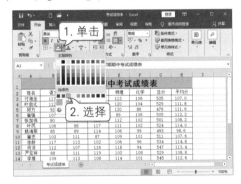
图6-61 选择【橙色】

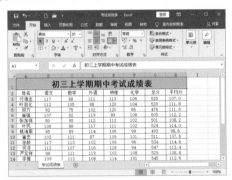
图6-62 标题单元格填充颜色后的效果

09 选中H列单元格，然后单击【样式】组中的【条件格式】下拉按钮，在弹出的下拉列表中选择【突出显示单元格规则】|【大于】命令，如图6-63所示。

10 在打开的【大于】对话框中设置突出显示的条件，如图6-64所示。

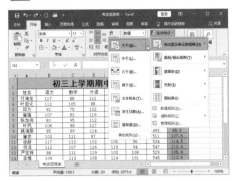
图6-63 选择条件命令(一)

图6-64 设置突出显示的条件

11 单击【确定】按钮，返回到工作表中，即可将平均分在110分以上的单元格以红色文本进行突出显示，效果如图6-65所示。

12 选中G列单元格，然后单击【样式】组中的【条件格式】下拉按钮，在弹出的下拉列表中选择【最前/最后规则】|【前10项】命令，如图6-66所示。

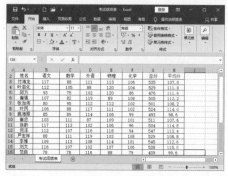

图6-65　突出显示高分成绩

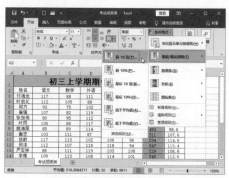

图6-66　选择条件命令(二)

13 打开【前10项】对话框，在数字微调框中输入3，然后设置满足条件的单元格的填充颜色，如图6-67所示。

14 单击【确定】按钮，返回到工作表中，即可将"总分"成绩排在前三名的单元格以指定的颜色进行填充，效果如图6-68所示。

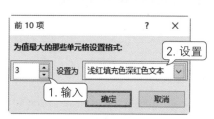

图6-67　设置条件

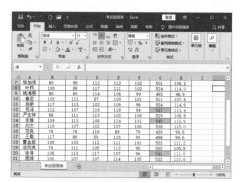

图6-68　使用指定的颜色填充满足条件的单元格

第7章
公式与函数

数据计算是Excel中相当重要的一项功能。对于简单的数据计算，用户可以通过公式计算结果；对于复杂的数据计算，Excel给出了相应的函数，用户只需要输入函数所需的参数，即可直接求出结果。本章将详细介绍Excel中公式与函数的具体应用。

 本章重点

○ 运算符及其优先级
○ 单元格引用
○ 输入公式
○ 复制公式
○ 填充公式
○ 创建函数
○ 应用常见函数

 二维码教学视频

7.1 Excel公式基础

公式是Excel中十分常用的功能，在介绍公式之前，我们先介绍一下公式的基础知识，比如公式的含义、公式的运算符和单元格的引用等。

7.1.1 Excel公式概述

公式是使用运算符和函数，对工作表中的数据及普通常量进行运算的方程式。在工作表中，可以使用公式和函数对原始数据进行计算处理。通过使用公式以及在公式中调用函数，除了可以进行简单的数据计算(如加、减、乘、除)之外，还可以完成较为复杂的财务、统计及科学计算等。

一个完整的公式通常由以下几部分组成。

- 等号：相当于公式的标记，等号之后的内容为公式。
- 运算符：一些用来表示运算关系的符号，如加号、引用符号等。
- 函数：一些预定义的计算公式，可对参数按特定的顺序或结构进行计算，如求和函数。
- 常量：参与计算的常数，如数字8。
- 单元格引用：在使用公式进行数据的计算时，除了可以直接使用常量之外，还可以引用单元格。例如，公式=A2+B3-680就引用了单元格A2和B3，同时还使用了常量680。

7.1.2 运算符及其优先级

在Excel中，运算符是指公式中用于进行计算的+(加)、-(减)、×(加)、/(除)以及其他符号。在公式中，如果存在混合运算，那么对于同一优先级的运算，将按照从左到右的顺序进行计算；对于不同优先级的运算，将按照优先级从高到低的顺序进行计算。

各种运算符的表示及说明如表7-1所示，优先级为从上到下递减，同一类型的运算符拥有相同的优先级，哪个在前就先计算哪个。

表7-1　运算符及其说明

运 算 符	说 明
:(冒号，区域运算符) ,(逗号，联合运算符) (空格，交叉运算符)	引用运算符
−	负数
%	百分号
^	乘方
*和/	乘法和除法
+和-	加法和减法
&	文本连接符

(续表)

运 算 符	说 明
=(等于) >(大于) <(小于) >=(大于或等于) <=(小于或等于) <>(不等于)	比较运算符

> 要想更改公式中运算符的顺序,可以使用圆括号将想要优先计算的部分括起来。例如,公式=2×5+15的计算顺序为:2×5=10,再加上15,结果为25。但是,公式=2×(5+15)的计算顺序为:5+15=20,再用2乘以20,结果为40。

7.1.3 单元格的引用

单元格的引用是指通过特定的单元格符号来标识工作表中的单元格或单元格区域,进而指明公式中所使用数据的位置。有了单元格引用,就可以在公式中使用不同单元格中的数据,或者在多个公式中使用同一单元格中的数据。在工作表的编辑栏中,我们可以看到公式中引用的单元格。

1. 按地址引用单元格

在Excel工作表中,行采用数字1、2、3、…进行编号,列采用字母A、B、C、…进行编号,按地址引用单元格是指使用单元格所在的行列编号来表示单元格。表7-2展示了在公式中按地址引用单元格或单元格区域的一些示例及说明。

表7-2 一些引用示例及说明

引用示例	说明	引用示例	说明
A2	A列和第2行交叉处的单元格	B:E	B列到E列之间的所有单元格
B:B	B列中的所有单元格	10:10	第10行中的所有单元格
5:10	第5到10行之间的所有单元格	B10:E10	第10行中B列到E列之间的所有单元格
A2:A6	A列中第2到6行之间的所有单元格	B2:E5	从B列到E列且在第2到5行之间的所有单元格

2. 相对引用单元格

单元格的相对引用是指在生成公式时,对单元格或单元格区域的引用基于它们与公式中单元格的相对位置。使用相对引用后,系统将会记住建立公式的单元格(公式单元格)和被引用的单元格的相对位置关系,因而在粘贴公式时,新的公式单元格和被引用的单元格仍将保持这种相对位置。

例如,在图7-1所示的D1单元格中输入一个使用相对引用的公式,在E2单元格中复制这个公式时,就可以在编辑栏中看到引用的单元格地址发生了变化,这里使用的便是相对引用的单元格,如图7-2所示。

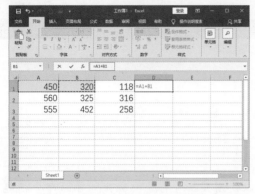
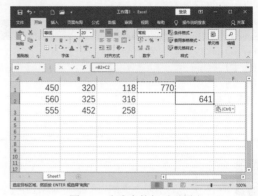

图7-1　输入一个使用相对引用的公式　　　　图7-2　公式中的相对引用

> **提示**
>
> 　　相对引用是Excel默认使用的引用方式。在使用相对引用时，单元格中的公式会随着位置的不同而发生改变。如果不希望公式发生改变，应使用绝对引用。

3. 绝对引用单元格

　　单元格的绝对引用是指在生成公式时，对单元格或单元格区域的引用基于的是单元格的绝对位置，不论包含公式的单元格处在什么位置，公式中引用的单元格地址都不会发生改变。

　　绝对引用的形式是在单元格的行号及列标前加上符号$，如$A$1、$B$1、$A$2、$B$2等。单元格区域的绝对引用由单元格区域左上角单元格的绝对引用和右下角单元格的绝对引用组成，中间用冒号隔开，例如$C$6:$H$10表示的是绝对引用C6单元格到H10单元格之间的单元格区域。

　　在复制公式时，如果不希望单元格引用发生改变，就应该使用绝对引用。例如，在图7-3所示的D2单元格中输入一个使用绝对引用的公式，在D3单元格中复制这个公式时，就可以在编辑栏中看到引用的单元格地址未发生变化，这里使用的便是绝对引用的单元格，如图7-4所示。

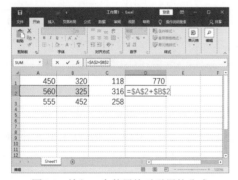
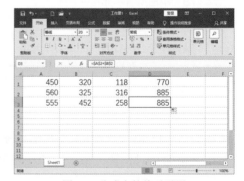

图7-3　输入一个使用绝对引用的公式　　　　图7-4　公式中的绝对引用

4. 混合引用单元格

　　在混合引用中，行使用相对引用，而列使用绝对引用；也可能列使用相对引用，而行使用绝对引用。例如$A1、$B1、A$1、B$1等使用的就是混合引用。如果公式所在单元格的位置发生改变，则相对引用也随之改变，而绝对引用不变。当多行或多列地复制公式时，相对引用会自动调整，而绝对引用不做调整。

例如，在图7-5所示的D1单元格中输入一个使用混合引用的公式，在E2单元格中复制这个公式时，就可以在编辑栏中看到引用的单元格地址发生了部分变化，这里使用的便是混合引用的单元格，如图7-6所示。

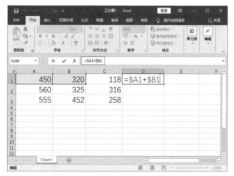

图7-5　输入一个使用混合引用的公式

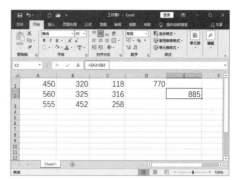

图7-6　公式中的混合引用

> **提示**
>
> 在混合引用中，当公式单元格向采用相对引用的方向偏移时，被引用的单元格同样会向相对引用的方向偏移；而当公式单元格向采用绝对引用的方向偏移时，被引用的单元格不会发生变化。

7.2 制作【工资表】

使用公式可以对单元格中的数据快速地进行加、减、剩、除计算。本节将以制作【工资表】为例，讲解公式的输入、复制、隐藏等具体操作，最终效果如图7-7所示。

乐天装饰公司工资发放表

2020年12月

序号	职　务	姓　名	岗位工资		绩效工资		应扣社保				应发工资
			时　间	金　额	时　间	金　额	养老	医疗	失业	合计	
01	部门主管	李乐	2020-12	8,000.00	2020-12	6,000.00	350	128.00	15.00	493.00	13507.00
02	设计师	严智	2020-12	5,000.00	2020-12	5,000.00	350	128.00	15.00	493.00	9507.00
03	设计师	年雨笑	2020-12	5,000.00	2020-12	4,000.00	350	128.00	15.00	493.00	8507.00
04	设计师	徐涛	2020-12	5,000.00	2020-12	4,000.00	350	128.00	15.00	493.00	8507.00
05	业务员	周坤	2020-12	3,000.00	2020-12	5,000.00	350	128.00	15.00	493.00	7507.00
06	业务员	邱坤龙	2020-12	3,000.00	2020-12	5,000.00	350	128.00	15.00	493.00	7507.00
08	业务员	付继	2020-12	3,000.00	2020-12	3,000.00	350	128.00	15.00	493.00	5507.00
09	业务员	叶莉莉	2020-12	3,000.00	2020-12	3,000.00	350	128.00	15.00	493.00	5507.00
10	业务员	邱伟	2020-12	3,000.00	2020-12	2,000.00	350	128.00	15.00	493.00	4507.00
	合计										70,563.00

领导签字：　　审核：　　制表：　　2020年 12月31日

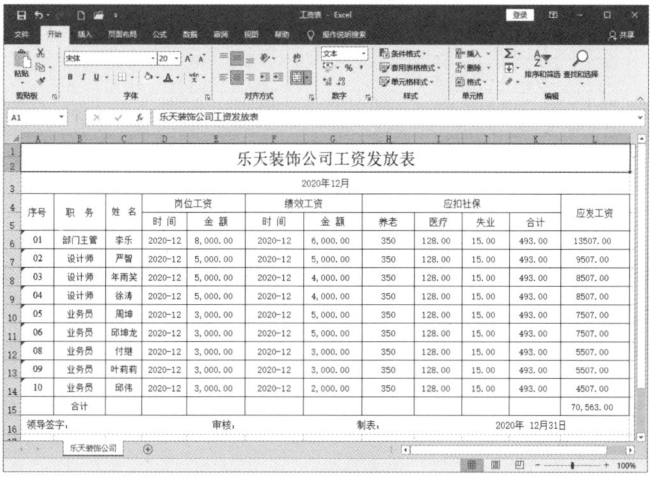

图7-7　实例效果

7.2.1 输入公式

有了公式，Excel便可以实现自动计算，操作数可以是常量、单元格地址、名称和函数。公式是以等号开始的，当用户在工作表的空白单元格中输入等号时，Excel将默认用户在输入公式。

【例7-1】 在单元格中输入求和公式 📹视频

01 打开【工资表】工作簿，然后选中K6单元格，输入"应扣社保"的求和公式=H6+I6+J6，如图7-8所示。

02 按Enter键完成公式的输入，K6单元格中将显示计算结果，编辑栏中将显示公式的内容，如图7-9所示。

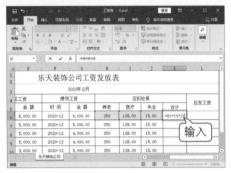

图7-8 输入求和公式

图7-9 显示计算结果(一)

03 选中L6单元格，输入"应发工资"的计算公式=E6+G6-K6，如图7-10所示。

04 按Enter键完成公式的输入，计算结果如图7-11所示。

图7-10 输入另一个公式

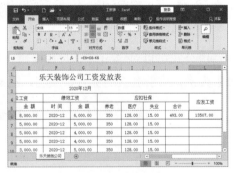

图7-11 显示计算结果(二)

在输入公式的过程中，当需要输入单元格地址时，可以通过单击单元格的方式直接引用单元格。

7.2.2 复制公式

要在其他单元格中输入与某一单元格中相同的公式，可使用Excel的公式复制功能，这样可省去重复输入相同内容的操作。复制或移动公式的方法主要有以下两种。

○ 选择要复制或移动公式的单元格，在【剪贴板】组中单击【复制】按钮🗐或【剪切】按钮✂，然后选择要粘贴公式的单元格，单击【粘贴】按钮🗐，即可完成公式的复制或移动操作。

○ 选择要复制或移动公式的单元格，按Ctrl+C或Ctrl+X组合键对公式进行复制或剪切，然后选择要粘贴公式的单元格，按Ctrl+V组合键进行粘贴，即可完成公式的复制或移动操作。

【例7-2】 在单元格中复制公式 📹视频

01 选中K6单元格，切换到【开始】选项卡，在【剪贴板】组中单击【复制】按钮🗐，如图7-12所示。

02 选中K7单元格，在【剪贴板】组中单击【粘贴】按钮🗐，即可将K6单元格中的公式复制到K7单元格中，如图7-13所示。

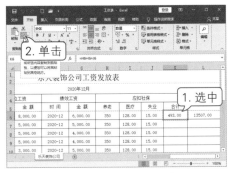

图7-12　单击【复制】按钮

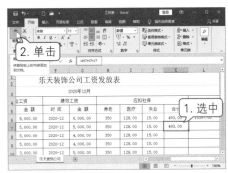

图7-13　单击【粘贴】按钮

03 选中L6单元格，在【剪贴板】组中单击【复制】按钮🗐，如图7-14所示。

04 选中L7单元格，在【剪贴板】组中单击【粘贴】下拉按钮🗐，在弹出的下拉列表中选择【选择性粘贴】选项，如图7-15所示。

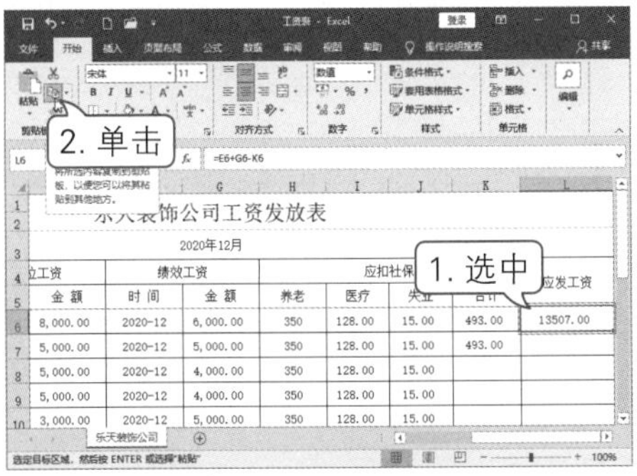

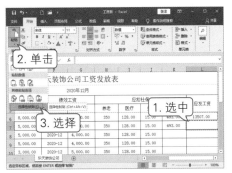

图7-14　复制L6单元格

图7-15　选择【选择性粘贴】选项

05 打开【选择性粘贴】对话框，然后选中【粘贴】选项栏中的【公式】单选按钮并单击【确定】按钮，如图7-16所示，从而只复制L6单元格中的公式，结果如图7-17所示。

图7-16　选中【公式】单选按钮

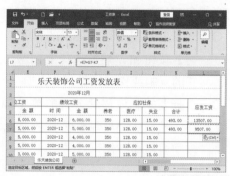

图7-17　复制结果

> **提示**
>
> 复制完单元格中的公式后，在【剪贴板】组中单击【粘贴】下拉按钮，在弹出的下拉列表中选择【选择性粘贴】选项，打开【选择性粘贴】对话框，然后选中【粘贴】选项栏中的【公式】单选按钮，这样可以只复制单元格中的公式，而不会复制单元格中的格式等内容。

7.2.3 填充公式

使用Excel的公式填充功能可以省去每次都输入公式的麻烦，对于类型相同的计算，Excel可以自动进行填充计算。

【例7-3】 使用填充方式快速创建相同的公式 视频

01 选中K7单元格，将光标移到K7单元格的右下角，当出现填充柄时，按住鼠标左键并向下拖动填充柄至K14单元格，如图7-18所示。

02 释放鼠标，即可对选中的单元格进行公式填充，效果如图7-19所示。

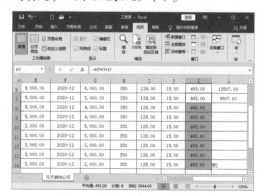

图7-18　拖动填充柄以填充公式(一)　　　　图7-19　填充公式后的效果(一)

03 选中L7单元格，将光标移到L7单元格的右下角，当出现填充柄时，按住鼠标左键并向下拖动填充柄至L14单元格，如图7-20所示。

04 释放鼠标，即可对选中的单元格进行公式填充，效果如图7-21所示。

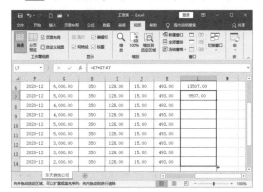
图7-20 拖动填充柄以填充公式(二)

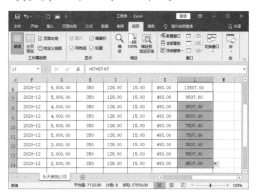
图7-21 填充公式后的效果(二)

05 选中L15单元格，然后选择【公式】选项卡，单击【函数库】组中的【Σ自动求和】按钮，系统将自动寻找求和区域，如图7-22所示。按Enter键进行确认，得到的求和结果如图7-23所示。

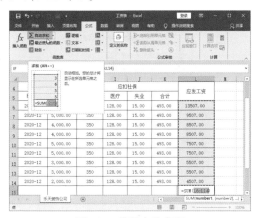
图7-22 进行自动求和

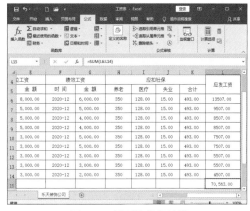
图7-23 得到的求和结果

7.2.4 隐藏公式

Excel的功能非常强大，不仅可以让用户自由地输入和定义公式，而且提供了很好的保密性。如果不希望自己创建的公式被他人轻易更改或破坏，可以将公式隐藏起来。

【例7-4】 隐藏单元格中的公式 视频

01 选中需要隐藏公式的L6:L15单元格区域并右击，在弹出的下拉菜单中选择【设置单元格格式】命令，如图7-24所示。

02 打开【设置单元格格式】对话框，选择【保护】选项卡，选中【隐藏】复选框，然后单击【确定】按钮，如图7-25所示。

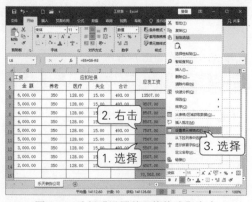

图7-24　选择【设置单元格格式】命令　　　　　　图7-25　选中【隐藏】复选框

03 返回到工作表中，选择【审阅】选项卡，在【保护】组中单击【保护工作表】按钮 ，如图7-26所示。

04 打开【保护工作表】对话框，输入密码(如123)，然后单击【确定】按钮，如图7-27所示。

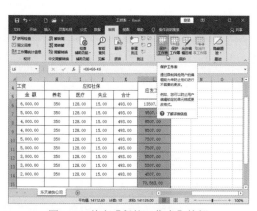

图7-26　单击【保护工作表】按钮　　　　　　　　图7-27　输入密码

05 打开【确认密码】对话框，再次输入相同的密码并单击【确定】按钮，如图7-28所示。

06 返回到工作表中，选择隐藏公式后的任意单元格，编辑栏中将不再显示公式，如图7-29所示。

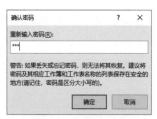

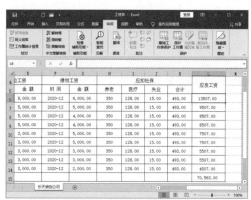

图7-28　确认密码　　　　　　　　　　　　　　　图7-29　隐藏公式后的效果

7.2.5 查询公式错误

输入的公式如果有错误,就会造成公式计算错误。不同原因造成的公式计算错误,产生的结果也不一样。

- #####!:公式计算结果的长度超出了单元格的宽度,只需要增加单元格的宽度即可。
- #DIV/0:除数为零,当单元格为空时,在进行除法运算时,就会出现这种错误。
- #N/A:函数缺少参数或者没有可用的数值,产生这种错误往往是因为输入格式不对。
- #NAME?:公式中引用了无法识别的内容,当公式中使用的名称被删除时,就会产生这种错误。
- #NULL:公式中使用了不正确的单元格引用或单元格区域引用。
- #NUM!:为需要输入数字的函数输入了其他格式的数据,或者输入的数字超出了函数允许的范围。
- #REF!:引用的单元格无效,当删除无效的单元格引用时,就会产生这种错误。
- #VALUE!:公式中的参数产生了运算错误,或者参数的类型不正确。

7.2.6 检查公式错误

Excel会自动对输入的公式进行检查。如果检查出错误,就会在单元格的左上角显示绿色的小三角标记,如图7-30所示。选中存在公式错误的单元格之后,还会出现 按钮,单击这个按钮,弹出的快捷菜单提供了解决错误的一些途径,如图7-31所示。

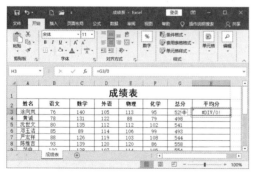

图7-30 提示存在错误公式

图7-31 快捷菜单

1. 检查错误

为了检查公式中的错误,可以单击【公式审核】组中的【错误检查】下拉按钮 ，在弹出的下拉菜单中选择【错误检查】命令,如图7-32所示。Excel将自动检查工作表中的所有单元格,如果发现错误,将打开【错误检查】对话框,其中提供了一些有关错误的提示信息,如图7-33所示。

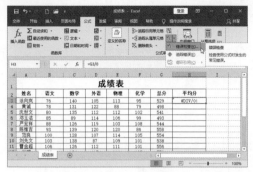

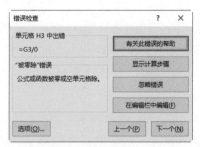

图7-32　选择【错误检查】命令　　　　　　　　图7-33　【错误检查】对话框

- ○ 【有关此错误的帮助】按钮：单击后将打开帮助文档。
- ○ 【显示计算步骤】按钮：单击后将打开【公式求值】对话框，其中显示了公式的计算步骤。
- ○ 【忽略错误】按钮：单击后将忽略错误，不再提示。
- ○ 【在编辑栏中编辑】按钮：单击后，可在编辑栏中对产生错误的单元格进行修改。
- ○ 【上一个】按钮：单击后将检查上一个错误。
- ○ 【下一个】按钮：单击后将检查下一个错误。
- ○ 【选项】按钮：单击后将打开【选项】对话框，从中可以对检查规则进行设置。

2. 追踪错误

单击【公式审核】组中的【错误检查】下拉按钮，在弹出的下拉菜单中选择【追踪错误】命令，如图7-34所示；系统将在工作表中指出错误公式所引用的所有单元格，如图7-35所示。

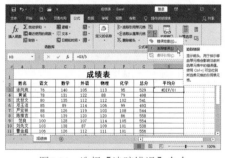

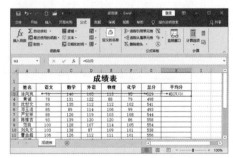

图7-34　选择【追踪错误】命令　　　　　　　　图7-35　追踪错误

7.3　制作【销售记录表】

Excel中的函数其实是一些预定义的公式，它们使用一些称为参数的特定值按特定的顺序或结构进行计算。在Excel中，可以直接使用函数对某个区域内的数值进行一系列处理，如分析、处理日期值和时间值等。本节以制作【销售记录表】为例，介绍函数的创建以及一些常见函数的应用，最终效果如图7-36所示。

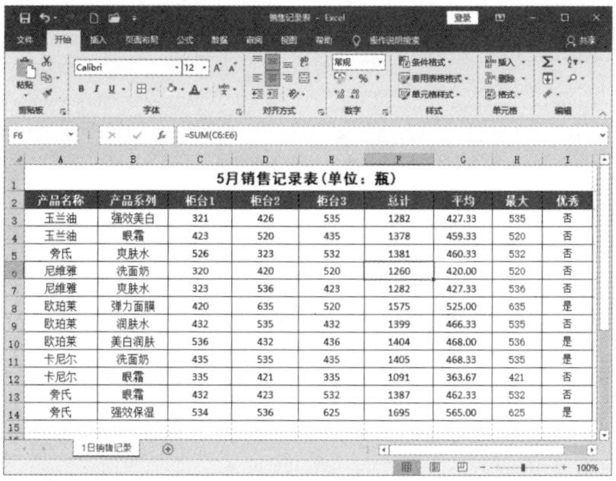

5月销售记录表(单位：瓶)								
产品名称	产品系列	柜台1	柜台2	柜台3	总计	平均	最大	优秀
玉兰油	强效美白	321	426	535	1282	427.33	535	否
玉兰油	眼霜	423	520	435	1378	459.33	520	否
旁氏	爽肤水	526	323	532	1381	460.33	532	否
尼维雅	洗面奶	320	420	520	1260	420.00	520	否
尼维雅	爽肤水	323	536	423	1282	427.33	536	否
欧珀莱	弹力面膜	420	635	520	1575	525.00	635	是
欧珀莱	润肤水	432	535	432	1399	466.33	535	否
欧珀莱	美白润肤	536	432	436	1404	468.00	536	是
卡尼尔	洗面奶	435	535	435	1405	468.33	535	是
卡尼尔	眼霜	335	421	335	1091	363.67	421	否
旁氏	眼霜	432	423	532	1387	462.33	532	否
旁氏	强效保湿	534	536	625	1695	565.00	625	是

图7-36　实例效果

7.3.1 函数概述

在Excel中，函数是由Excel预定义的用于完成特定计算的公式。例如，为了求单元格A1到单元格H1中一系列数字之和，可以输入函数=SUM(A1:H1)，而不是输入公式=A1+B1+C1+…+H1。

当需要使用函数时，可以在单元格中直接输入函数，也可以使用函数向导插入函数。每个函数都由如下部分构成。

- ＝等：表示后面跟着函数(公式)。
- 函数名(如SUM)：表示将要执行的操作。
- 变量(如A1:H1)：变量通常是单元格区域，但是也可以表示为更复杂的内容。

7.3.2 函数的分类

Excel提供了几百个预定义的函数供用户使用，分为数学和三角函数、逻辑函数、文本函数、财务函数、统计函数、日期和时间函数、查找与引用函数等几大类。

1. 数学和三角函数

数学和三角函数是用于进行各种数学操作和几何运算的函数。常用的数学和三角函数有求和函数、绝对值函数等。

选择要插入数学和三角函数的单元格，然后选择【公式】选项卡，单击【函数库】组中的【数学和三角函数】下拉按钮，在弹出的下拉列表中可以选择想要使用的数学和三角函数，如图7-37所示。

2. 逻辑函数

逻辑函数主要用于判断条件是否成立。常用的逻辑函数有假设(IF)函数、求真(TRUE)函数和求假(FALSE)函数等。

选择要插入逻辑函数的单元格，单击【函数库】组中的【逻辑函数】下拉按钮，在弹出的下拉列表中可以选择想要使用的逻辑函数，如图7-38所示。

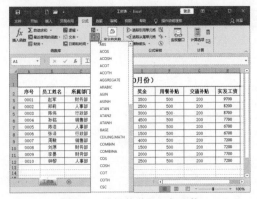
图7-37　选择数学和三角函数

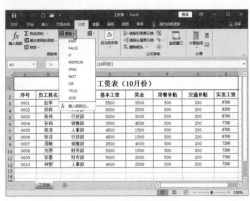
图7-38　选择逻辑函数

3. 文本函数

文本函数用于获取单元格中的文本，主要用于执行与文本相关的处理任务。例如，使用RIGHT函数可以从文本字符串的最后一个字符开始返回指定个数的字符。

选择要插入文本函数的单元格，单击【函数库】组中的【文本函数】下拉按钮，在弹出的下拉列表中可以选择想要使用的文本函数，如图7-39所示。

4. 日期和时间函数

日期和时间函数用于分析或处理日期和时间值。例如，NOW函数用于返回与当前系统日期和时间对应的序列号。如果想要插入函数的单元格的格式为"常规"，那么在使用NOW函数之后，单元格的格式将变为"日期"。

选择要插入日期和时间函数的单元格，单击【函数库】组中的【日期和时间函数】下拉按钮，在弹出的下拉列表中可以选择想要使用的日期和时间函数，如图7-40所示。

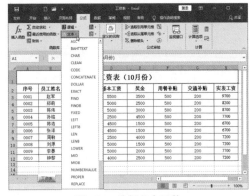
图7-39　选择文本函数

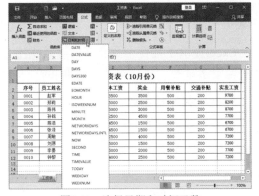
图7-40　选择日期和时间函数

5. 财务函数

使用财务函数可以进行一般的财务计算，如确定贷款的支付额、投资的未来值或净现值，以及债券或息票的价值。

选择要插入财务函数的单元格，单击【函数库】组中的【财务】下拉按钮，在弹出的下拉列表中可以选择想要使用的财务函数，如图7-41所示。

6. 查找与引用函数

查找与引用函数的主要功能是查询各种信息，这类函数在数据量较大的工作表中将起到很大的作用。

选择要插入查找与引用函数的单元格，单击【函数库】组中的【查找与引用】下拉按钮，在弹出的下拉列表中可以选择想要使用的查找与引用函数，如图7-42所示。

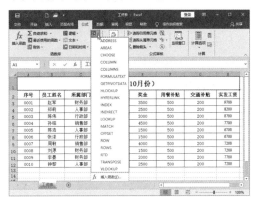

图7-41　选择财务函数　　　　　　　　　图7-42　选择查找与引用函数

7. 统计函数

使用统计函数可以对数据进行统计分析，涉及概率、取样分布、方差、求平均值、工程统计等方面。

选择要插入统计函数的单元格，单击【函数库】组中的【其他函数】下拉按钮，从弹出的下拉菜单中选择【统计】命令，然后在弹出的级联菜单中可以选择想要使用的统计函数，如图7-43所示。

8. 其他函数

单击【函数库】组中的【其他函数】下拉按钮，在弹出的下拉菜单中除了统计函数之外，还包括工程函数、多维数据集函数、信息函数、兼容性函数、Web函数等。例如，选择【兼容性】命令，在弹出的级联菜单中可以选择想要使用的兼容性函数，如图7-44所示。

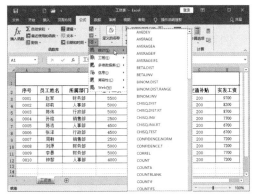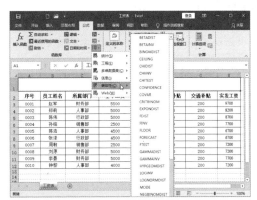

图7-43　选择统计函数　　　　　　　　　图7-44　选择兼容性函数

7.3.3 创建函数

函数是按照特定的语法进行运算的。函数的创建主要包括手动输入函数和使用函数向导两种方式。

1. 手动输入函数

如果用户对某个函数非常熟悉，那么可以使用手动输入函数的方式快速创建函数。首先选择要输入函数的单元格，然后手动输入函数即可。如图7-45所示，我们在E1单元格中手动输入了MIN函数。

2. 使用函数向导

对于比较复杂的函数，手动输入的话很容易出错，并且函数本身也不好记忆，此时可以单击【插入函数】按钮 *fx*，使用Excel内置的函数向导来输入函数，如图7-46所示。

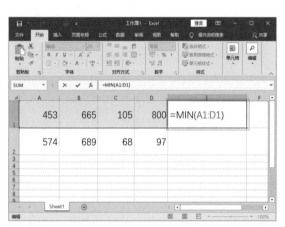

图7-45 手动输入函数

图7-46 使用函数向导

7.3.4 应用常见函数

在Excel中，有些函数在工作中经常被用到，例如自动求和函数SUM、求平均值函数AVERAGE、求最大值函数MAX、求最小值函数MIN以及条件函数IF等。

1. 自动求和函数SUM

自动求和函数SUM用于求指定单元格区域内数据的和。

【例7-5】 使用自动求和函数SUM对数据进行求和 📹视频

01 打开【销售记录表】工作簿。选中F3单元格作为需要求和的单元格，然后选择【公式】选项卡，单击【函数库】组中的【Σ 自动求和】按钮，如图7-47所示。

02 系统将自动寻找要求和的区域，如图7-48所示。

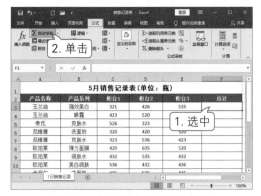

图7-47 单击【Σ自动求和】按钮	图7-48 系统自动寻找要求和的区域

03 按Enter键，即可通过自动求和函数SUM求得结果，如图7-49所示。

04 将光标移到F3单元格的右下角，当出现填充柄时，按住鼠标左键并向下拖动填充柄至F14单元格，释放鼠标，对选中的单元格填充复制的函数，从而快速求出对应单元格区域内数据的和，如图7-50所示。

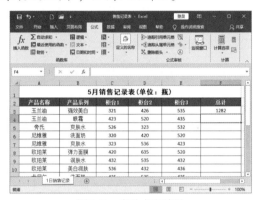
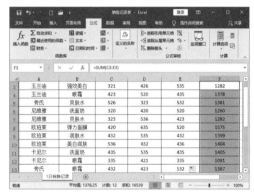

图7-49 自动求和结果	图7-50 复制函数

 提示

在应用函数的过程中，如果系统自动寻找的求和区域不正确，那么可以在编辑栏中重新输入引用地址，也可按住并拖动鼠标以重新选择求和区域。

2. 求平均值函数AVERAGE

在Excel中，使用求平均值函数AVERAGE可以快速求出单元格区域内数据的平均值。

【例 7-6】 求数据的平均值 📹视频

01 在G2单元格中输入"平均"。然后选择G3单元格作为需要求平均值的单元格，再单击【函数库】组中的【Σ自动求和】下拉按钮，在弹出的下拉菜单中选择【平均值】选项，如图7-51所示。

02 系统将自动寻找求值区域，但系统找到的求值区域包括了"总计"值，所以并不正确，我们需要重新进行区域设置，如图7-52所示。

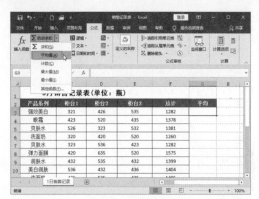

图7-51　选择函数

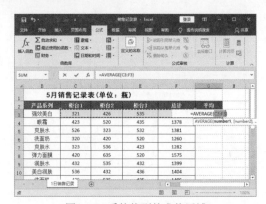

图7-52　系统找到的求值区域

03 按住并拖动鼠标，重新选择需要求平均值的区域，如图7-53所示。

04 按Enter键，即可求出指定的单元格区域内数据的平均值，如图7-54所示。

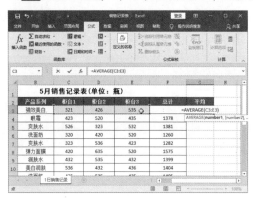

图7-53　重新选择引用地址

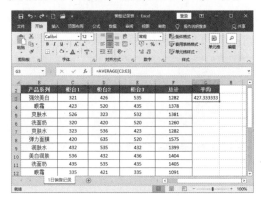

图7-54　求得的平均值

05 将光标移到G3单元格的右下角，当出现填充柄时，按住鼠标左键并向下拖动填充柄至G14单元格，使用函数进行填充，快速得出平均值。然后在【开始】选项卡的【数字组】中设置G列单元格的数字格式为【数字】，如图7-55所示，得到的效果如图7-56所示。

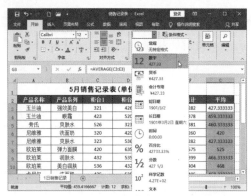

图7-55　设置数字格式

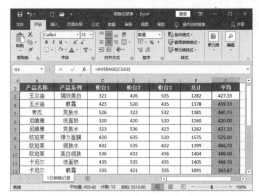

图7-56　设置完数字格式后的效果

3. 求最大值函数MAX

使用求最大值函数MAX可以从一组数据中求出最大值。单击【函数库】组中的【Σ自动求和】下拉按钮，在弹出的下拉菜单中选择【最大值】选项，即可使用Excel内置的函数向导创建求最大值函数。你也可以在【插入函数】对话框中选择求最大值函数。

【例7-7】 求数据的最大值 📹视频

01 在H2单元格中输入"最大"。然后选中H3单元格作为需要求最大值的单元格,单击【公式】选项卡,在【函数库】组中单击【插入函数】按钮,如图7-57所示。

02 打开【插入函数】对话框,在【选择函数】列表框中选择MAX,然后单击【确定】按钮,如图7-58所示。

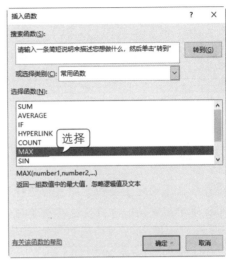

图7-57 单击【插入函数】按钮   图7-58 【插入函数】对话框

03 打开【函数参数】对话框,在Number1文本框中输入想要计算最大值的单元格区域C3:E3,单击【确定】按钮,如图7-59所示。

04 返回到工作表中,即可看到系统为选择的单元格区域求出的最大值。使用填充功能可以快速得出其他产品的最大销量,如图7-60所示。

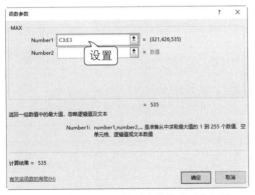

图7-59 设置想要计算最大值的单元格区域   图7-60 最终计算结果

4. 求最小值函数MIN

使用求最小值函数MIN可以从一组数据中求出最小值。单击【函数库】组中的【Σ自动求和】下拉按钮,在弹出的下拉菜单中选择【最小值】选项即可使用Excel内置的函数向导创建求最小值函数。你也可以在【插入函数】对话框中选择求最小值函数。

【例 7-8】 求数据的最小值 📹 视频

01 重新打开【销售记录表】素材工作簿，在G2单元格中输入"最小"。

02 选中G3单元格作为需要求最小值的单元格，单击【函数库】组中的【Σ自动求和】下拉按钮，在弹出的下拉菜单中选择【最小值】选项，如图7-61所示。系统将自动寻找求值区域，如图7-62所示。

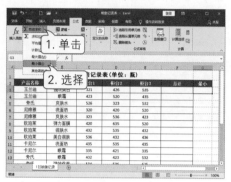

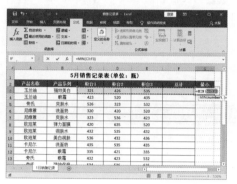

图7-61 选择【最小值】选项

图7-62 系统自动寻找求值区域

03 单击【确定】按钮，即可为选择的单元格区域求出最小值，如图7-63所示。

04 使用填充功能可以快速得出其他产品的最小销量，如图7-64所示。

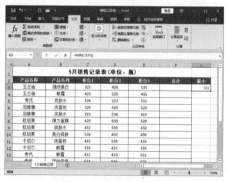

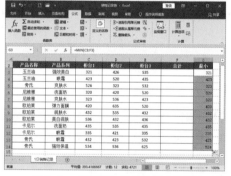

图7-63 求出的最小值

图7-64 求出其他产品的最小销量

5. 计数函数COUNT

使用计数函数COUNT可以快速求出指定单元格区域内存在数据的单元格个数。

【例 7-9】 统计数量 📹 视频

01 绘制如图7-65所示的表格。

02 选中F3单元格作为要求数量的单元格，单击【函数库】组中的【其他函数】下拉按钮，在弹出的下拉菜单中选择【统计】命令，然后从级联菜单中选择COUNT函数，如图7-66所示。

03 打开【函数参数】对话框，在Value1文本框的右侧单击🔼按钮，如图7-67所示。

04 选择想要统计数量的单元格区域，如图7-68所示。

图7-65 绘制表格

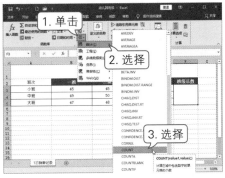

图7-66 选择OUNT函数

图7-67 【函数参数】对话框

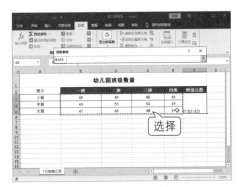

图7-68 选择引用地址

05 单击【函数参数】对话框中的 按钮，展开【函数参数】对话框，可以查看修改后的引用地址，如图7-69所示。

06 单击【确定】按钮，即可计算指定的单元格区域内存在数据的单元格个数，如图7-70所示。

图7-69 修改后的引用地址

图7-70 统计出来的数量

6. 条件函数IF

使用条件函数IF可以求出指定单元格中的内容是否满足设置的条件。

【例7-10】通过条件函数IF判断员工是否优秀 📹视频

01 重新打开【销售记录表】素材工作簿，求出各种产品的总计值。

02 在G2单元格中输入"优秀"。选择G3单元格作为存放IF函数计算结果的单元格，然后单击【函数库】组中的【逻辑】下拉按钮，在弹出的下拉菜单中选择IF函数，如图7-71所示。

03 打开【函数参数】对话框，在Logical_test文本框中输入F3>1400，在其他两个文本框中分别输入"是"和"否"，如图7-72所示。

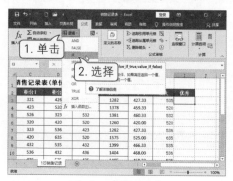

图7-71 选择IF函数

图7-72 设置条件

04 单击【确定】按钮，系统将自动判断指定单元格中的内容是否满足条件，并在目标单元格中显示判断结果，如图7-73所示。

05 对IF函数向下进行填充复制，结果如图7-74所示。

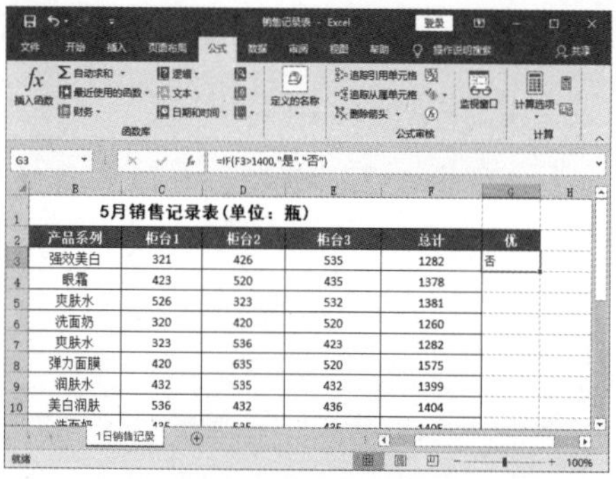

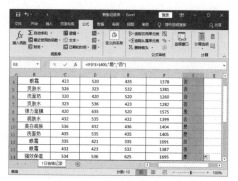

图7-73 显示判断结果

图7-74 复制并填充IF函数

在图7-72所示的【函数参数】对话框中，各个选项的含义分别如下。

- Logical_test：用于设置条件，如F3>1400，表示F3单元格中的值需要大于1400。
- Value_if_true：用于输入满足条件时的结果，可以输入任意值或文本，比如"是"。
- Value_if_false：用于输入不满足条件时的结果，可以输入任意值或文本，比如"否"。

7.4 案例演练

公式和函数是Excel中十分重要的功能，读者需要熟练掌握。下面将通过制作【电器销售表】和【成绩统计表】，帮助读者进一步掌握公式和函数方面的相关知识。

7.4.1 制作【电器销售表】 视频

下面将通过制作【电器销售表】，练习公式输入和单元格引用方面的相关操作，案例效果如图7-75所示。

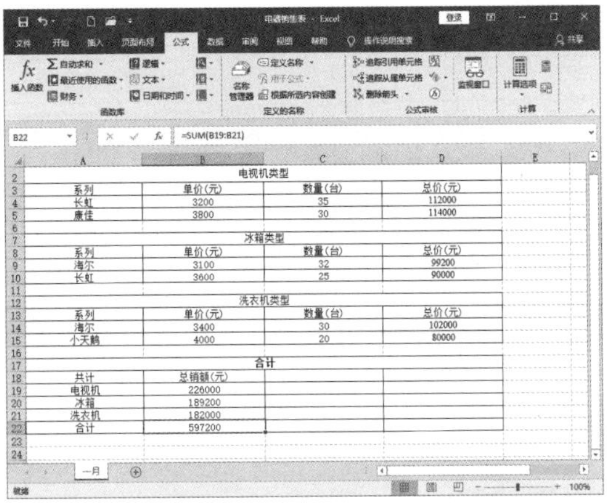

图7-75　案例效果

01 新建一个空白工作簿，命名为"电器销售表"，输入如图7-76所示的数据。

02 选中D4单元格，输入公式内容=B4*C4，如图7-77所示。按Enter键，即可得到计算结果。

图7-76　输入数据

图7-77　输入公式内容

03 将光标移到D4单元格的右下角，当出现填充柄时，按住鼠标左键并向下拖动，对公式进行填充复制，效果如图7-78所示。

04 选中D4单元格，按Crtl+C组合键对其中的公式进行复制，然后通过按Crtl+V组合键，将复制的公式粘贴到其他电器的"总价"单元格中，计算出相应的结果，如图7-79所示。

05 选中B19单元格，输入求和公式=D4+D5，如图7-80所示。按Enter键，即可得到电视机的总销售额。

06 使用同样的方法，运用求和公式分别计算出冰箱和洗衣机的总销售额，如图7-81所示。

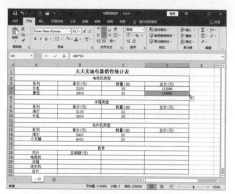
图7-78 填充复制公式

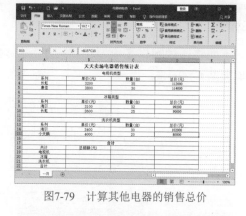
图7-79 计算其他电器的销售总价

图7-80 输入求和公式

图7-81 计算其他电器的总销售额

07 选中B22单元格，然后选择【公式】选项卡，单击【函数库】组中的【Σ自动求和】按钮，系统将自动寻找求和区域，如图7-82所示。

08 确定系统自动寻找的求和区域正确后，按Enter键，即可自动求出所有电器的总销售额，如图7-83所示。

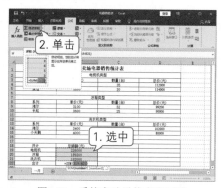
图7-82 系统自动寻找求和区域

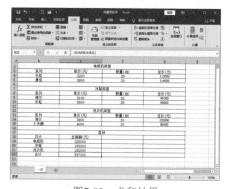
图7-83 求和结果

7.4.2 制作【成绩统计表】

下面将通过制作【成绩统计表】，练习公式和函数的应用，案例效果如图7-84所示。

图7-84　案例效果

01 新建一个空白工作簿，命名为"成绩统计表"，参照图7-85输入相关数据。选中G3单元格，然后选择【公式】选项卡，单击【函数库】组中的【∑自动求和】按钮，如图7-85所示。

02 确认系统自动寻找的求和区域正确后，按Enter键，即可求出学生"邓玉"的总分，如图7-86所示。

图7-85　单击【∑自动求和】按钮

图7-86　求和结果

03 将光标移到G3单元格的右下角，当出现填充柄时，按住鼠标左键并向下拖至G23单元格，如图7-87所示。释放鼠标，在指定的单元格区域内对求和公式进行填充复制，效果如图7-88所示。

图7-87　向下拖动填充柄

图7-88　填充复制求和公式

04 选中H3单元格，单击【函数库】组中的【∑自动求和】下拉按钮，在弹出的下拉菜单中选择【平均值】选项，如图7-89所示。

05 按住并拖动鼠标，重新选择需要求平均值的单元格区域，如图7-90所示。

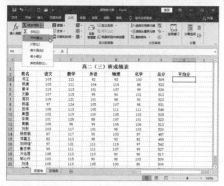

图7-89 选择【平均值】选项

图7-90 重新选择需要求平均值的单元格区域

06 按Enter键，求出学生"邓玉"的平均分，如图7-91所示。

07 向下拖动H3单元格的填充柄，然后在H23单元格中释放鼠标，从而在指定的单元格区域内对求平均值函数进行填充复制，求出其他学生的平均分，如图7-92所示。

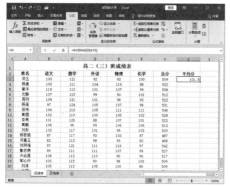

图7-91 得到的平均分

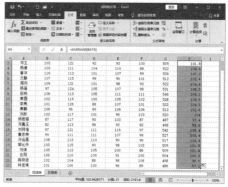

图7-92 求出其他学生的平均分

08 选择"及格率"工作表，然后选中C3单元格，输入公式=SUM()，将光标置于圆括号内，如图7-93所示。

09 单击【函数库】组中的【逻辑】下拉按钮，在弹出的下拉列表中选择IF函数，如图7-94所示。

图7-93 输入公式

图7-94 使用IF函数

10 打开【函数参数】对话框，单击Logical_test文本框右侧的按钮，如图7-95所示。

11 返回到工作簿中，选择"成绩表"工作表，然后拖动鼠标并选中B3:B23单元格区域，如图7-96所示。

图7-95　单击按钮　　　　　　　　　　图7-96　选择单元格区域

12 单击【函数参数】对话框中的▣按钮，展开【函数参数】对话框。在Logical_test文本框中设置条件为"成绩表!B3:B23>=90"，然后设置满足条件的值为1、不满足条件的值为0，如图7-97所示。

13 单击【确定】按钮，然后双击C3单元格，将光标放置于公式中，如图7-98所示。

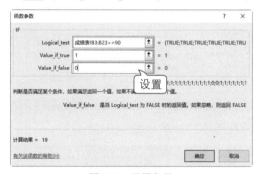

图7-97　设置条件　　　　　　　　　　图7-98　将光标放置于公式中

14 按Ctrl+Shift+Enter组合键以创建数组公式，计算语文的及格人数，如图7-99所示。

15 使用同样的方法计算其他科目的及格人数，效果如图7-100所示。

图7-99　计算语文的及格人数　　　　　图7-100　计算其他科目的及格人数

> **提示**
>
> 　　数组公式用于对两组或多组参数进行多重计算，并返回一种或多种结果，其特点是每个数组参数都必须有相同数量的行或列。数组公式通常位于大括号内，按Ctrl+Shift+Enter组合键可以创建数组公式。
>
> 　　对于本例而言，在创建数组公式之前，单元格的计算结果只是条件函数所选的第一个单元格的条件结果值；在创建数组公式之后，单元格的计算结果为条件函数所选的所有单元格的条件结果值。

16 在【开始】选项卡的【数字】组中将D3:D7单元格区域的数字格式设置为【百分比】，如图7-101所示。

17 选中D3单元格，输入语文科目及格率的计算公式=C3/B3，如图7-102所示。

图7-101　设置单元格区域的数字格式　　　　　　图7-102　输入语文科目及格率的计算公式

18 按Enter键，即可得出语文科目的及格率，如图7-103所示。

19 使用填充复制公式的方法计算其他科目的及格率，结果如图7-104所示。

图7-103　计算语文科目的及格率　　　　　　　　图7-104　计算其他科目的及格率

第8章
数据的排序、筛选与汇总

Excel在数据的分析、组织、管理等方面具有非常强大的功能：财务人员可以利用Excel在数据管理方面的特性进行财务分析和统计分析，管理人员则可以利用Excel进行管理分析。本章将讲解Excel在数据的分析、组织、管理等方面的应用。

 本章重点

○ 数据的排序
○ 数据的筛选
○ 数据的汇总

 二维码教学视频

【例8-1】通过单字段对数据进行排序
【例8-2】通过多字段对数据进行排序
【例8-3】对数据进行自定义排序
【例8-4】自动筛选排在前列的数据
【例8-5】筛选等于或大于某个值的数据
【例8-6】筛选满足多个条件的数据
【例8-7】在工作表中创建单一分类汇总
【例8-8】在工作表中创建嵌套分类汇总
案例演练——制作【工资汇总表】

8.1 对员工绩效考核进行排序

在工作表中,可以对数据进行排序,从而便于数据的查找。本节将以【员工绩效考核排行表】为例,讲解进行数据排序的具体操作,最终效果如图8-1所示。

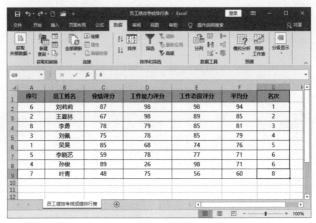

图8-1 实例效果

8.1.1 默认的排序次序

在Excel中,除了可以对数值字段进行排序之外,也可以对文本、日期、逻辑字段等进行排序,这些排序是按照一定的顺序进行的。默认情况下,Excel将按表8-1所示的顺序进行升序排列,并使用相反的顺序进行降序排列。

表8-1 Excel默认的排序次序

字段类型	说明
数值	按照从最小负数到最大正数的顺序进行排序
文本字段	按照汉字拼音的首字母进行排序。如果第一个汉字相同,就按照第二个汉字拼音的首字母进行排序
日期字段	按照从最早日期到最晚日期的顺序进行排序
逻辑字段	FALSE排在TRUE之前
空白单元格	无论是升序排列还是降序排列,空白单元格总是放在最后

8.1.2 单字段排序

单字段排序是指只对工作表中的一行或一列数据进行排序,这是一种比较简单且常用的排序方式。

【例 8-1】 通过单字段对数据进行排序 📹视频

01 打开【员工绩效考核排行表】素材工作簿,如图8-2所示。

02 选中"名次"列中的任意单元格作为排序对象,然后选择【数据】选项卡,在【排序和筛选】组中单击【降序】按钮🔽,如图8-3所示。

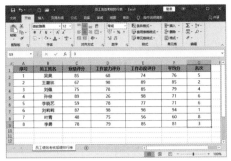

图8-2 打开素材工作簿

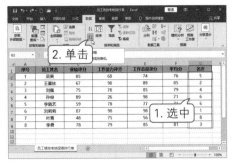

图8-3 单击【降序】按钮

03 执行完上一步操作之后，可以看到工作簿中的"名次"数据已经按照降序重新进行了排列，效果如图8-4所示。

04 单击【升序】按钮 ，可以看到工作簿中的"名次"数据已经按照升序重新进行了排列，但是标题文本排到了最后，效果如图8-5所示。

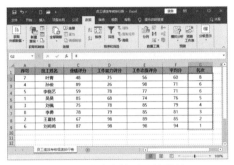

图8-4 按降序排列后的效果

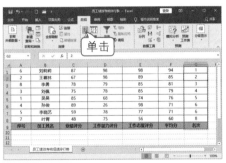

图8-5 按升序排列后的效果

当工作表中存在标题文本时，可以单击【排序】按钮，打开【排序】对话框。取消选中【数据包含标题】复选框，这样标题文本将不再参与排序。

8.1.3 多字段排序

多字段排序是指按多个关键字对数据进行排序。当单个字段中存在相同的数据时，就可以采用多个字段进行排序。在【排序】对话框的【主要关键字】和【次要关键字】选项区域，可通过设置排序条件来实现数据的复杂排序。

【例8-2】 通过多字段对数据进行排序 视频

01 打开【员工绩效考核排行表】素材工作簿。选中要排序的单元格，然后选择【数据】选项卡，在【排序和筛选】组中单击【排序】按钮 ，如图8-6所示。

02 打开【排序】对话框，选中【数据包含标题】复选框，然后单击【主要关键字】下拉按钮，在弹出的下拉列表中选择【名次】选项，如图8-7所示。

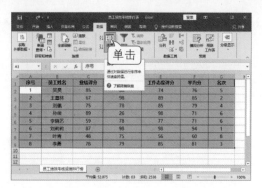

图8-6　单击【排序】按钮

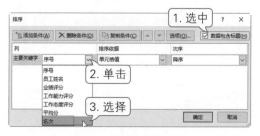

图8-7　选择主要关键字

03 单击【次序】下拉按钮，在弹出的下拉列表中选择【升序】选项，如图8-8所示。

04 单击【确定】按钮，结果如图8-9所示。

图8-8　选择【升序】选项

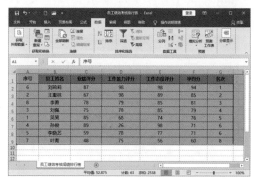

图8-9　按升序排列名次

> **提示**
>
> 在本例中，有两位员工排第6名，我们可以通过添加【次要关键字】继续进行排序。

05 单击【排序】按钮，在打开的【排序】对话框中单击【添加条件】按钮，然后单击出现的【次要关键字】下拉按钮，从弹出的下拉列表中选择【工作能力评分】选项，在【次序】下拉列表中选择【降序】选项，如图8-10所示。

06 单击【确定】按钮，即可以"名次"为主进行升序排序，再以"工作能力评分"为辅进行降序排列，如图8-11所示。

图8-10　选择次要关键字

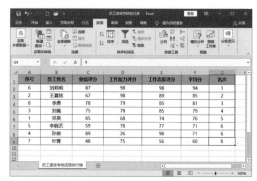

图8-11　排序结果

8.1.4 自定义排序

Excel允许对数据进行自定义排序。通过【自定义序列】对话框，我们可以对排序的次序进行设置。

【例8-3】 对数据进行自定义排序 🎬视频

01 在工作表中选中想要排序的数据，然后单击【数据】选项卡，在【排序和筛选】组中单击【排序】按钮。

02 打开【排序】对话框，如图8-12所示。单击【主要关键字】下拉按钮，在弹出的下拉列表中选择【员工姓名】选项；然后单击【次序】下拉按钮，在弹出的下拉列表中选择【自定义序列】选项。

03 打开【自定义序列】对话框，在【输入序列】列表框中输入自定义序列，然后单击【添加】按钮，如图8-13所示。

图8-12 选择【自定义序列】选项 　　　　　图8-13 输入并添加自定义序列

04 单击【确定】按钮，返回到【排序】对话框中，在【次序】下拉列表中选择自定义序列方式，如图8-14所示。

05 单击【确定】按钮，返回到工作表中，可以看到数据已按自定义序列方式进行了排序，如图8-15所示。

图8-14 选择自定义序列方式 　　　　　图8-15 进行自定义排序后的结果

> **提示**
> 　　如果这里不设置自定义排序，那么在对"员工姓名"列中的数据进行排序时，将按照员工姓名中第一个汉字的拼音进行排序。

8.2 对成绩进行筛选

为了将符合一定条件的数据记录显示或放置在一起，可以使用Excel提供的数据筛选功能，按一定的条件对数据记录进行筛选，从而从中选出符合条件的数据，并隐藏无用的数据。本节将以【成绩筛选表】为例，讲解数据筛选的相关操作，最终效果如图8-16所示。

图8-16　实例效果

8.2.1 自动筛选

进行自动筛选时，可以按列值、格式和条件自动筛选数据。但是，对于每个单元格区域或列而言，以上三种筛选方式是互斥的。

【例8-4】 自动筛选排在前面的数据 🎬视频

01 打开【成绩筛选表】素材工作簿，如图8-17所示。

02 在工作表中选择任意单元格，然后选择【数据】选项卡，单击【排序和筛选】组中的【筛选】按钮，标题字段的右下角将出现下拉按钮，如图8-18所示。

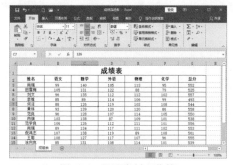

图8-17　打开素材工作簿

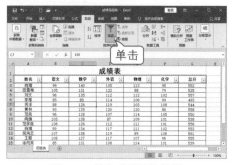

图8-18　单击【筛选】按钮

提示 单击标题字段右下角的下拉按钮，将会弹出相应的下拉列表，从中可以对数据进行各种形式的自动筛选。

03 单击"总分"标题字段右下角的下拉按钮，从弹出的下拉列表中选择【数字筛选】|【前10项】选项，如图8-19所示，打开【自动筛选前10个】对话框，如图8-20所示。

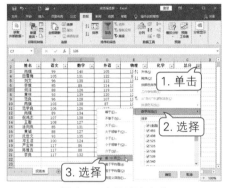
图8-19 选择筛选方式

图8-20 【自动筛选前10个】对话框

04 在【自动筛选前10个】对话框中进行筛选设置，如图8-21所示。然后单击【确定】按钮，即可自动筛选出总分排在前5名的那些学生的成绩，如图8-22所示。

图8-21 进行筛选设置

图8-22 筛选结果

8.2.2 自定义筛选

通过自定义筛选功能，我们可以使用多种条件来设置筛选参数，从而更灵活地筛选数据。

【例8-5】 筛选等于或大于某个值的数据 📹视频

01 在工作表中选择任意单元格，然后选择【数据】选项卡，单击【排序和筛选】组中的【筛选】按钮，进入筛选状态。

02 单击"总分"标题字段右下角的下拉按钮，在弹出的下拉列表中选择【数字筛选】|【自定义筛选】选项。

03 打开【自定义自动筛选方式】对话框，在【总分】选项栏的第一个下拉列表框中选择【等于】选项，在右侧的文本框中输入500，然后选中【或】单选按钮；在第二个下拉列表框中选择【大于】选项，在右侧的文本框中也输入500，如图8-23所示。

04 单击【确定】按钮，即可对总分等于或大于500分的学生成绩进行筛选，如图8-24所示。

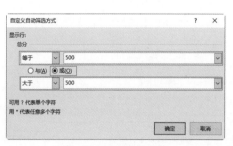

图8-23 设置筛选参数

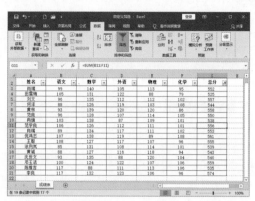

图8-24 筛选结果

> **提示**
>
> 当需要同时满足两个条件时，可以在【自定义自动筛选方式】对话框中选中【与】单选按钮；当只需要满足其中一个条件时，可以选中【或】单选按钮。

8.2.3 高级筛选

所谓高级筛选，就是按照用户设定的条件对数据进行筛选，从而选出能同时满足两个或两个以上条件的数据。

【例8-6】 筛选满足多个条件的数据 🎦视频

01 在工作表中的任意空白单元格区域输入筛选条件(如设置语文、数学和外语成绩都大于100分)，如图8-25所示。

02 选择【数据】选项卡，单击【排序和筛选】组中的【高级】按钮 ，打开【高级筛选】对话框。然后单击【方式】选项栏中【条件区域】右侧的 按钮，如图8-26所示。

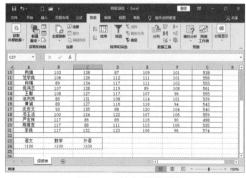

图8-25 输入筛选条件

图8-26 单击按钮

03 在工作表中选择筛选条件所在的单元格，如图8-27所示。

04 单击【高级筛选-条件区域】对话框中的▦按钮，返回到【高级筛选】对话框中，单击【确定】按钮即可显示筛选结果，如图8-28所示。

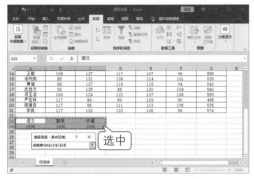

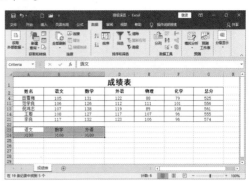

图8-27　选择筛选条件所在的单元格　　　　　　图8-28　筛选结果

图8-26所示的【高级筛选】对话框提供了如下两种筛选方式。

○ 【在原有区域显示筛选结果】：选中该单选按钮后，筛选结果将显示在原有的数据区域内。

○ 【将筛选结果复制到其他位置】：选中该单选按钮后，筛选结果将显示在其他单元格区域内，可通过单击【复制到】文本框右侧的按钮来指定单元格区域。

8.2.4 取消筛选

当用户不需要对数据进行筛选时，可以取消筛选。

○ 取消自动筛选：选择【数据】选项卡，再次单击【排序和筛选】组中的【筛选】按钮▼。

○ 取消高级筛选：选择【数据】选项卡，单击【排序和筛选】组中的【清除】按钮▼。

8.3 对销售数据进行分类汇总

　　分类汇总是指根据工作表中的某列数据对所有记录进行分类，然后再对每一类记录进行汇总。在数据管理过程中，有时需要进行数据的分类汇总，以便用户进行决策。下面以【销售汇总表】为例，讲解分类汇总的相关操作，最终效果如图8-29所示。

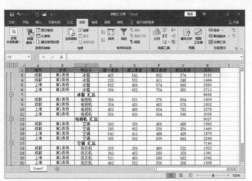 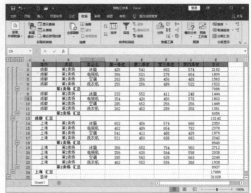

图8-29　实例效果

8.3.1 单一分类汇总

在创建单一分类汇总之前，首先需要以分类列为排序字段对数据进行排序，然后再进行汇总操作。

【例8-7】 在工作表中创建单一分类汇总 🎬视频

01 打开【销售汇总表】素材工作簿，对"城市"列进行排序。然后选择【数据】选项卡，单击【分级显示】组中的【分类汇总】按钮，如图8-30所示。

02 打开【分类汇总】对话框，在【分类字段】下拉列表框中选择【城市】选项，在【选定汇总项】列表框中选中【合计】复选框，并根据需要设置其他选项，如图8-31所示。

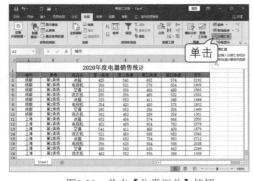

图8-30　单击【分类汇总】按钮

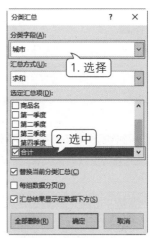

图8-31　设置分类汇总

03 单击【分类汇总】对话框中的【确定】按钮，即可得到如图8-32所示的汇总效果。

04 如果要对商品进行分类汇总，那么首先需要对商品进行排序，然后在【分类汇总】对话框的【分类字段】下拉列表框中选择【商品名】选项，对商品进行分类汇总后的效果如图8-33所示。

图8-32 对城市进行分类汇总

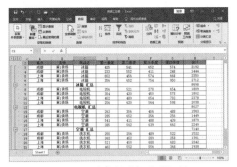

图8-33 对商品进行分类汇总

在图8-31所示的【分类汇总】对话框中,底部的三个复选项的含义分别如下。

- 【替换当前分类汇总】:选中后,如果是在分类汇总的基础上又进行分类汇总,就清除上一次的汇总结果。
- 【每组数据分页】:选中后,当打印工作表时,将按类别对数据依次进行打印。
- 【汇总结果显示在数据下方】:默认情况下,分类汇总后的结果显示在第一行。选中这个复选框之后,分类汇总后的结果将显示在最后一行。

8.3.2 嵌套分类汇总

在现有的分类汇总数据中,可以为更小的类别创建分类汇总,此时创建的就是嵌套分类汇总。

【例8-8】 在工作表中创建嵌套分类汇总 📹视频

01 选中工作表中包含数据的那些单元格,然后选择【数据】选项卡,在【排序和筛选】组中单击【排序】按钮 ,如图8-34所示。

02 打开【排序】对话框,单击【添加条件】按钮,然后对【主要关键字】和【次要关键字】进行设置,如图8-35所示。

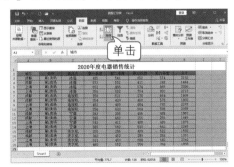

图8-34 单击【排序】按钮

图8-35 进行多字段排序设置

03 单击【确定】按钮,即可以"城市"为主要关键字、"卖场"为次要关键字对工作表中的数据进行排列,如图8-36所示。

04 选择【数据】选项卡,单击【分级显示】组中的【分类汇总】按钮 ,打开【分类汇总】对话框,设置【分类字段】为【城市】,然后单击【确定】按钮进行汇总,如图8-37所示。

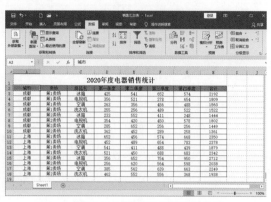

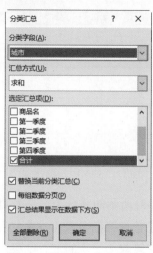

图8-36　对数据进行多字段排序

图8-37　设置第一次分类汇总

05 在对工作表进行第一次分类汇总后，继续进行第二次分类汇总。在【分类汇总】对话框中设置【分类字段】为【卖场】，取消选中【替换当前分类汇总】复选框，如图8-38所示。

06 单击【确定】按钮，即可对工作表进行第二次分类汇总，完成嵌套分类汇总后，汇总效果如图8-39所示。

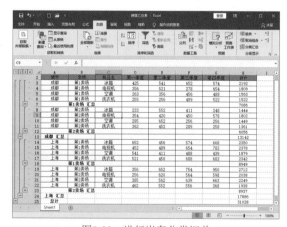

图8-38　设置第二次分类汇总

图8-39　进行嵌套分类汇总

由上可知，创建嵌套分类汇总的过程如下：

- 对用于计算分类汇总的两列或多列数据进行排序。
- 对第一个分类字段进行汇总。
- 在完成对第一个分类字段的汇总之后，对第二个分类字段进行汇总。

8.3.3　显示和隐藏汇总数据

在显示分类汇总结果的同时，分类汇总表的左侧将自动显示一些分级显示按钮，比如 ⊞、⊟、1234，使用这些分级显示按钮可以控制数据的显示。

例如，单击各个汇总前面的【折叠细节】按钮⊟，即可隐藏不同城市的各条记录的详细内容，如图8-40所示。此时再单击"成都 汇总"前面的【展开细节】按钮⊞，即可显示成都卖场的各条记录的详细内容，如图8-41所示。

图8-40　隐藏汇总数据

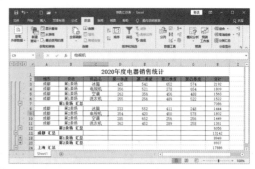

图8-41　显示汇总数据

8.3.4　分级显示

在对数据进行分类汇总之后，就可以对不同级别的数据进行隐藏或显示。隐藏或显示分级明细数据的方法如下。

- ❍ 隐藏分级中的明细数据：单击相应的级别符号或明细数据隐藏符号⊟。
- ❍ 隐藏指定级别的分级：单击上一级的行或列级别符号1234。
- ❍ 隐藏整个分级显示中的明细数据：单击第1级别显示符号1。
- ❍ 显示分级中的明细数据：单击明细数据符号⊞。
- ❍ 显示指定级别：单击相应的行或列级别符号1234。
- ❍ 显示整个分级中的明细数据：单击与最低级别的行或列对应的级别符号。例如，如果分级显示中包括3个显示级别，就单击3。

使用分级显示可以快速显示分类汇总中的明细数据，在建立完分级显示后，当不再使用分级显示时，用户也可以对其进行清除。

将光标定位到想要清除分级显示的工作表中，然后选择【数据】选项卡，单击【分级显示】组中的【取消组合】下拉按钮，在弹出的下拉列表中选择【清除分级显示】命令，如图8-42所示，即可清除当前工作表中的分级显示，如图8-43所示。

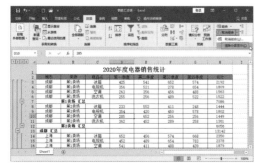

图8-42　选择【清除分级显示】命令

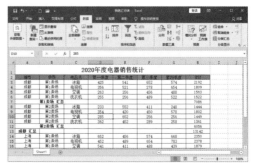

图8-43　清除分级显示

8.3.5 删除分类汇总

在Excel中，可以将创建的分类汇总删除，而不影响工作表中的数据记录。当从工作表中删除分类汇总时，同时也将删除对应的分级显示。

在含有分类汇总的工作表中选择任意单元格，然后选择【数据】选项卡，单击【分级显示】组中的【分类汇总】按钮 ▦ ，在打开的【分类汇总】对话框中单击【全部删除】按钮，即可删除分类汇总。

8.4 案例演练——制作【工资汇总表】 视频

本节将通过制作【工资汇总表】，练习对员工工资进行分类汇总的相关操作，帮助读者进一步掌握Excel在数据分析和管理方面的应用，案例效果如图8-44所示。

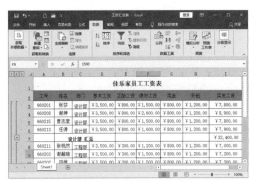

图8-44　案例效果

01 打开【工资汇总表】素材工作簿，如图8-45所示。

02 选中I3单元格，然后选择【公式】选项卡，单击【函数库】组中的【∑自动求和】按钮，得到计算员工实发工资的公式，如图8-46所示。

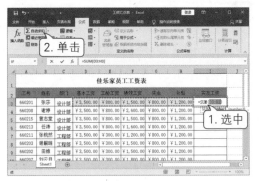

图8-45　打开素材工作簿　　　　　　图8-46　输入自动求和公式

03 按Enter键，即可计算出对应员工的实发工资，如图8-47所示。

04 向下拖动I3单元格右下角的填充柄，计算出其他员工的实发工资，如图8-48所示。

图8-47 计算员工的实发工资

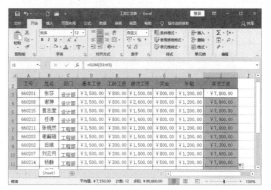

图8-48 复制填充自动求和公式

05 选中A2:I14单元格区域，然后选择【数据】选项卡，单击【分级显示】组中的【分类汇总】按钮，如图8-49所示。

06 在打开的【分类汇总】对话框中设置【分类字段】为【部门】、【汇总方式】为【求和】、【选定汇总项】为【实发工资】，如图8-50所示。

图8-49 单击【分类汇总】按钮

图8-50 设置分类汇总

07 单击【确定】按钮，即可对所选数据按部门进行分类汇总，效果如图8-51所示。

08 单击汇总前面的级别符号，显示第二级分类汇总结果，效果如图8-52所示。

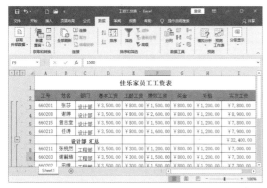

图8-51 分类汇总效果

图8-52 第二级分类汇总结果

第9章
图表分析与数据透视表

图表是数据的图形化表示形式，通过采用合适的图表类型来显示数据，不仅有助于理解数据，而且更容易体现出数据之间的相互关系，甚至有助于发现数据的发展趋势；数据透视表则具有十分强大的数据重组和数据分析功能，利用数据透视表，我们不仅能够改变数据表的行列布局，而且能够快速汇总大量数据。

 本章重点

○ 创建图表
○ 为图表添加趋势线与误差线
○ 数据透视表
○ 数据透视图

 二维码教学视频

9.1 制作企业日常费用图表

图表在本质上是根据工作表中的数据创建的对象，由一个或多个以图形方式显示的数据系列组成，因此在创建图表前，工作表中必须有数据才行。本节将以制作企业日常费用图表为例，讲解图表的创建与编辑等操作，最终效果如图9-1所示。

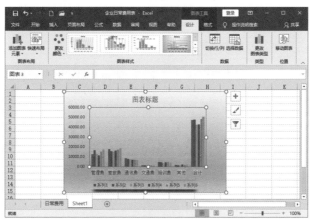

图9-1　实例效果

9.1.1 创建图表

根据工作表中的数据创建出来的图表可以直观地反映数据间的关系及变化规律。

【例 9-1】 在工作表中创建图表 视频

01 打开【企业日常费用表】素材工作簿，选中单元格区域A2:G8，如图9-2所示。

02 选择【插入】选项卡，在【图表】组中单击【插入柱形图或条形图】下拉按钮，在弹出的面板中选择【三维簇状柱形图】选项，如图9-3所示。

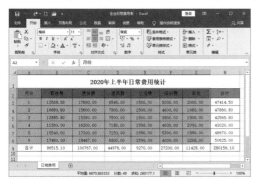

图9-2　选中单元格区域A2:G8

图9-3　选择插入三维簇状柱形图

03 返回到工作表中，即可看到插入三维簇状柱形图之后的效果，如图9-4所示。

图9-4　插入三维簇状柱形图之后的效果

> **提示**
>
> 创建好的图表通常由图表标题、绘图区和图例三部分组成。

9.1.2　修改图表类型

由于不同的图表类型所能表达的数据信息不同，因此，根据图表的不同应用就需要选择不同的图表类型。用户可以对图表的类型进行修改。

【例 9-2】 修改图表类型 📹视频

01 选中要更改类型的图表，选择【设计】选项卡，在【类型】组中单击【更改图表类型】按钮，如图9-5所示。

02 打开【更改图表类型】对话框，在左侧的列表框中选择【折线图】类型，然后在右侧选择【折线图】选项，如图9-6所示。

图9-5　单击【更改图表类型】按钮

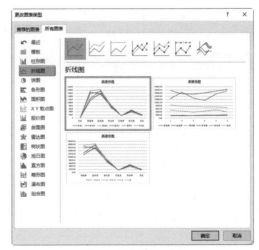

图9-6　选择图表类型

03 单击【确定】按钮，返回到工作表中，即可更改图表的类型，效果如图9-7所示。

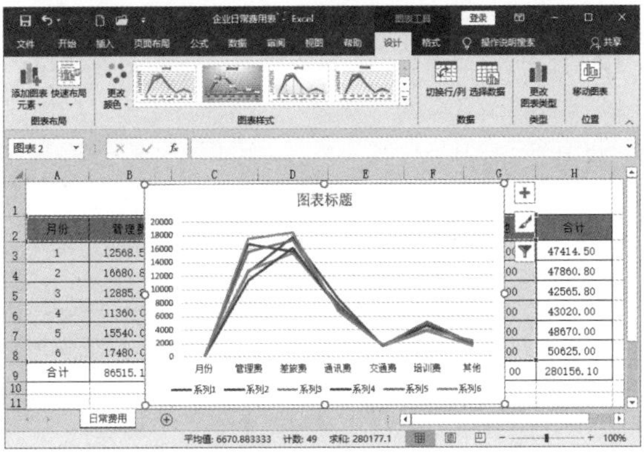

图9-7 更改图表类型后的效果

> **提示**
>
> 不同的图表类型所需的数据特征也不同。

9.1.3 修改图表的位置和大小

默认情况下，创建的图表和原有的数据在同一工作表中。用户不仅可以将创建的图表移到其他工作表中，而且可以调整图表的大小。

👉 **【例9-3】** 调整图表的位置和大小 🎬视频

01 在【企业日常费用表】工作簿中新建一个工作表，默认名为Sheet1。

02 选中"日常费用"工作表中的图表，选择【设计】选项卡，在【位置】组中单击【移动图表】按钮，如图9-8所示。

03 打开【移动图表】对话框，选中【对象位于】单选按钮，从右侧的下拉列表框中选择Sheet1选项，如图9-9所示。

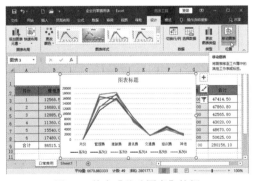

图9-8 单击【移动图表】按钮

图9-9 【移动图表】对话框

04 单击【确定】按钮，即可将图表移到选择的Sheet1工作表中，如图9-10所示。

05 拖动图表四周的控制点可以放大或缩小图表，效果如图9-11所示。

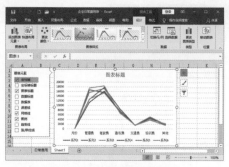

图9-10　移动图表后的效果

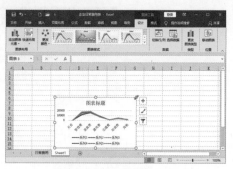

图9-11　调整图表的大小

06 单击图表中的绘图区，绘图区的四周将出现8个控制点。拖动这些控制点即可调整绘图区的大小，效果如图9-12所示。

07 将光标放在图表中，当光标变成十字形状时按下鼠标左键并拖动，即可在工作表中移动图表的位置，效果如图9-13所示。

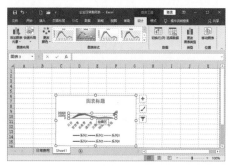

图9-12　调整绘图区的大小

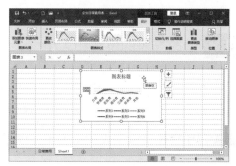

图9-13　移动图表的位置

9.1.4　设置图表格式

创建好图表后，用户可以对图表的边框颜色、边框样式、阴影、大小和属性等进行设置。通过对图表格式进行设置，可以美化图表效果。

1. 设置图表区格式

在图表区的空白位置右击，从弹出的快捷菜单中选择【设置图表区域格式】命令，如图9-14所示，在打开的【设置图表区格式】窗格中即可对图表区进行边框或填充设置，图9-15展示了对图表区填充渐变色之后的效果。

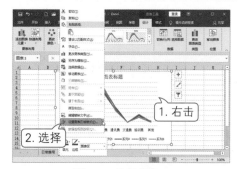

图9-14　选择命令

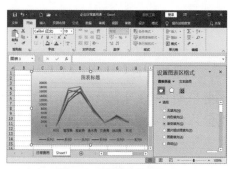

图9-15　设置图表区格式

在【设置图表区格式】窗格中拖动右侧的滚动条，可以显示图表边框的设置选项。

2. 设置绘图区格式

右击绘图区，在弹出的快捷菜单中选择【设置绘图区格式】命令，如图9-16所示。然后在打开的【设置绘图区格式】窗格中即可对绘图区进行边框或填充设置，图9-17展示了添加边框线之后的效果。

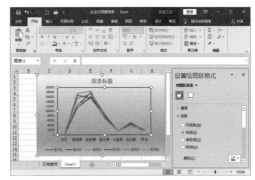

图9-16　选择命令　　　　　　　　　　　　　图9-17　设置绘图区格式

3. 设置坐标轴格式

右击图表的垂直坐标轴或水平坐标轴，在弹出的快捷菜单中选择【设置坐标轴格式】命令，如图9-18所示。在打开的【设置坐标轴格式】窗格中即可对坐标轴的位置、数字、填充等进行设置，图9-19展示了坐标轴添加渐变色之后的效果。

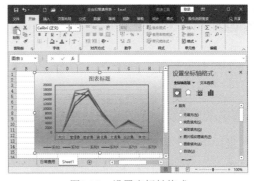

图9-18　选择命令　　　　　　　　　　　　　图9-19　设置坐标轴格式

4. 设置图例格式

右击图表中的图例，在弹出的快捷菜单中选择【设置图例格式】命令，如图9-20所示。在打开的【设置图例格式】窗格中即可设置图例的位置、填充效果、边框颜色、边框样式、阴影、发光和柔化边缘等，图9-21展示了改变图例位置后的效果。

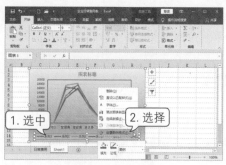

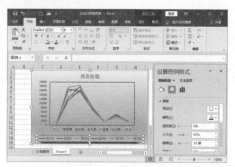

图9-20　选择命令　　　　　　　　图9-21　设置图例格式

5. 设置数据系列格式

右击图表中的数据系列，在弹出的快捷菜单中选择【设置数据系列格式】命令，如图9-22所示。在打开的【设置数据系列格式】窗格中即可设置数据系列的填充效果、边框颜色等，图9-23展示了使用次坐标轴之后的效果。

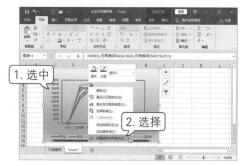

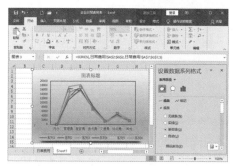

图9-22　选择命令　　　　　　　　图9-23　设置数据系列格式

9.1.5　为图表添加数据系列

创建好图表后，用户也可以在工作表中添加需要的数据，从而实现在图表中添加数据系列的目的。

【例9-4】 为图表添加数据系列 🎬 视频

01 将图表修改为柱形图，然后选中图表，再选择【设计】选项卡，单击【数据】组中的【选择数据】按钮，如图9-24所示。

02 在打开的【选择数据源】对话框中单击折叠按钮，如图9-25所示。

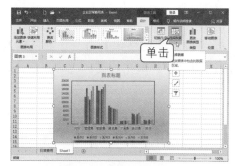

图9-24　单击【选择数据】按钮　　　　图9-25　单击按钮

03 在工作表中重新选择数据区域A2:H8，如图9-26所示。

04 单击展开按钮▣，返回到【选择数据源】对话框，单击【确定】按钮即可重新指定图表的数据系列，如图9-27所示。

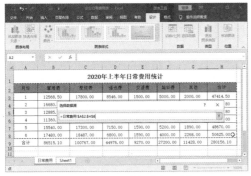

图9-26 重新选择数据区域

图9-27 调整后的图表

提示

　　在工作表中输入想要添加的数据，然后选择图表，数据区域将被自动选中，此时将光标移到数据区域的右下角，当光标变为双向斜箭头形状时，向下拖动数据区域，即可在图表中添加输入的数据。

9.1.6 从图表中删除数据系列

用户不仅可以在图表中添加需要的数据系列，也可以将图表中多余的数据系列删除。从图表中删除数据系列的方法有如下几种。

○ 在工作表中选择想要删除的数据区域，然后按Delete键，即可连同图表中的数据系列一起删除。

○ 在图表区选择想要删除的数据，然后按Delete键，也可以删除图表中的数据系列，但不会删除工作表中的数据。

○ 选中图表时，工作表中的数据也将自动被选中。将光标移到选定数据的右下角，再向上拖动光标，可以缩小数据区域，从而删除图表中的数据系列。

○ 打开【选择数据源】对话框，重新选择数据区域，如图9-28所示，即可从图表中删除不需要的数据系列，如图9-29所示。

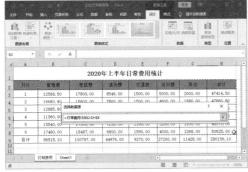

图9-28 重新选择数据区域

图9-29 从图表中删除不需要的数据系列

9.2 为图表添加趋势线与误差线

图表还有一定的分析预测功能，这使得用户能从中发现数据规律并预测未来趋势。本节以【销售统计表】为例，讲解为图表添加趋势线与误差线的相关操作，最终效果如图9-30所示。

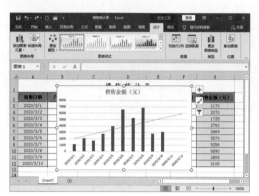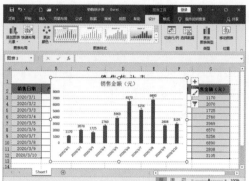

图9-30　实例效果

9.2.1 为图表添加趋势线

趋势线可以帮助用户更好地观察数据的发展趋势，虽然趋势线与图表中的数据系列存在一定的关联性，但趋势线并不表示数据系列中的数据。

👉【例9-5】 为图表添加趋势线 🎬视频

[01] 打开【销售统计表】素材工作簿，如图9-31所示。

[02] 选中A2:A12和G2:G12单元格区域，然后添加二维簇状柱形图，如图9-32所示。

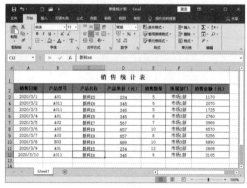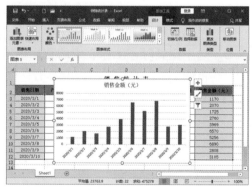

图9-31　打开素材工作簿　　　　　图9-32　添加图表

[03] 选中图表，然后选择【设计】选项卡，在【图表布局】组中单击【添加图表元素】下拉按钮。在弹出的下拉列表中选择【趋势线】|【线性预测】选项，如图9-33所示；即可看到为图表添加趋势线后的效果，如图9-34所示。

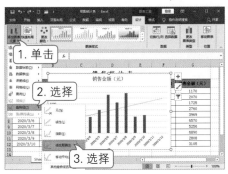

图9-33 选择【线性预测】选项

图9-34 为图表添加趋势线后的效果

9.2.2 为图表添加误差线

误差线通常用在统计或科学记数法中，误差线显示了相对序列中每个数据标记的潜在误差或不确定程度。

【例9-6】 为图表添加误差线 📹视频

01 打开【销售统计表】素材工作簿，选中A2:A12和G2:G12单元格区域，然后添加二维簇状柱形图。

02 选中图表，单击图表右上角的加号图标➕，在弹出的【图表元素】窗格中选中【数据标签】复选框，如图9-35所示。

03 选中图表，然后选择【设计】选项卡，在【图表布局】组中单击【添加图表元素】下拉按钮，在弹出的下拉列表中选择【误差线】|【百分比】选项，即可为选中的数据系列添加百分比误差线，如图9-36所示。

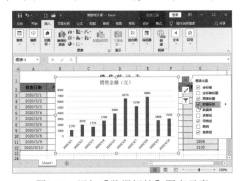

图9-35 添加【数据标签】图表元素

图9-36 添加百分比误差线

9.3 制作【销售数据透视表】

数据透视表能够迅速方便地从数据源中提取并计算需要的信息，从而方便用户查看具有很多数据的工作表。本节以制作【销售数据透视图】为例，介绍数据透视表的使用方法，最终效果如图9-37所示。

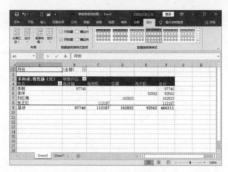

图9-37　实例效果

9.3.1　创建数据透视表

使用数据透视表可以对大量数据进行汇总，帮助用户快速查看数据的汇总结果。

【例9-7】 **在工作表中创建数据透视表** 📹视频

01 打开【销售记录表】素材工作簿。选中任意单元格，选择【插入】选项卡，在【表格】组中单击【数据透视表】按钮📊，如图9-38所示。

02 打开【创建数据透视表】对话框，选中【新工作表】单选按钮，然后单击【表/区域】右侧的折叠按钮⬆，如图9-39所示。

图9-38　单击【数据透视表】按钮

图9-39　【创建数据透视表】对话框

03 返回到工作表中，选择A2:D14单元格区域，如图9-40所示。

04 单击展开按钮⬜，返回到【创建数据透视表】对话框中。单击【确定】按钮，即可插入一个空的数据透视表，同时也将打开【数据透视表字段】窗格，如图9-41所示。

图9-40　选择单元格区域

图9-41　插入空的数据透视表

05 在【数据透视表字段】窗格的列表框中选中所有字段，并将各个字段拖到下方需要的位置，数据透视表中将显示相应的内容和数据，如图9-42所示。

06 单击数据透视表中的标签下拉按钮，可以在弹出的面板中对数据进行筛选，如图9-43所示。

图9-42 添加字段到数据透视表中

图9-43 按月份对数据进行筛选

9.3.2 设置数据透视表的布局和样式

对于不同的布局，数据透视表的表现形式也将不同，但这不会影响数据的计算结果。用户不仅可以根据需要为数据透视表选择合适的布局，而且可以设置数据透视表的样式。

【例9-8】 设置数据透视表的布局和样式 📹 视频

01 选中数据透视表中的任意单元格，选择【设计】选项卡，在【布局】组中单击【报表布局】下拉按钮，在弹出的下拉列表中选择【以表格形式显示】选项，如图9-44所示，数据透视表将以表格形式显示，如图9-45所示。

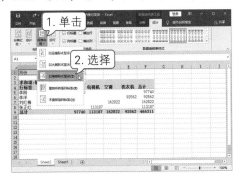

图9-44 选择【以表格形式显示】选项

图9-45 以表格形式显示的数据透视表

02 选中数据透视表，选择【设计】选项卡，单击【数据透视表样式】列表框按钮，然后在打开的样式面板中选择【淡紫，数据透视表样式中等深浅5】选项，如图9-46所示，数据透视表更改样式后的效果如图9-47所示。

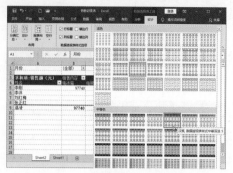

图9-46　为数据透视表选择样式

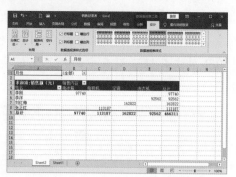

图9-47　更改数据透视表的样式

9.4 制作【销售数据透视图】

数据透视图能以图表的形式表示数据透视表中的数据。本节以制作【销售数据透视图】为例，介绍数据透视图的使用方法，最终效果如图9-48所示。

图9-48　实例效果

9.4.1 创建数据透视图

数据透视图在数据透视表的基础上，能对数据做进一步的直观展现。

【例 9-9】 在工作表中创建数据透视图 视频

01 打开【销售记录表】素材工作簿，然后创建数据透视表。

02 选中数据透视表中的任意单元格，选择【分析】选项卡，在【工具】组中单击【数据透视图】按钮，如图9-49所示。

03 打开【插入图表】对话框，在左侧的列表框中选择【柱形图】，再从右侧选择【簇状柱形图】，然后单击【确定】按钮，如图9-50所示。

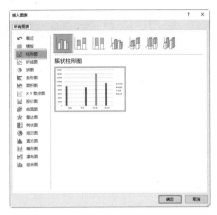

图9-49　单击【数据透视图】按钮　　　　　　　图9-50　【插入图表】对话框

04 返回到工作表中，得到的数据透视图如图9-51所示。

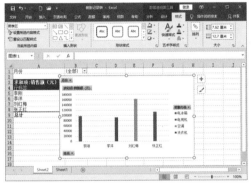

图9-51　得到的数据透视图

> **提示**
>
> 用户还可以在创建数据透视表的同时创建数据透视图。选择【插入】选项卡，在【图表】组中单击【数据透视表】下拉按钮，在弹出的下拉列表中选择【数据透视图】选项即可。

9.4.2　在数据透视图中筛选数据

与数据透视表一样，在数据透视图中也可以执行筛选操作。数据透视图中显示了很多筛选字段，用户可根据自己的需要从中筛选出需要的数据。

在数据透视图中单击标签下拉按钮，可在弹出的面板中进行筛选，如图9-52所示；即可在数据透视图中只显示筛选后的信息，如图9-53所示。

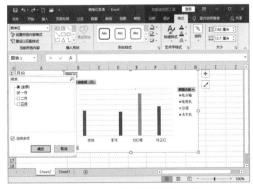

图9-52　选择想要筛选的月份　　　　　　　　　图9-53　按月份筛选后的结果

9.5 案例演练

本节将通过制作【企业经营状况分析图表】和【员工工资透视图表】，帮助读者进一步掌握Excel的图表分析功能。

9.5.1 制作【企业经营状况分析图表】 📹视频

下面将通过制作【企业经营状况分析图表】，练习创建和设置图表的相关操作。在制作过程中，读者需要掌握公式的输入、图表的插入和设置等操作，案例效果如图9-54所示。

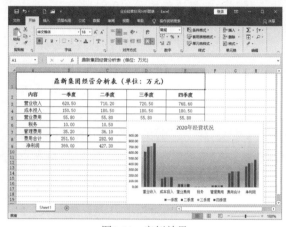

图9-54　案例效果

01 新建一个空白工作簿，将其命名为"企业经营状况分析图表"，然后参照图9-55输入相关数据并设置格式。

02 选择B8单元格，输入求和函数=SUM(B4:B7)，如图9-56所示。然后按Enter键，计算求和结果。

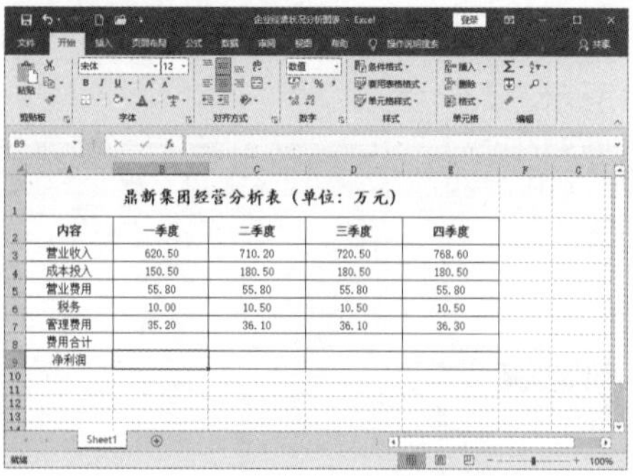

图9-55　输入相关数据并设置格式 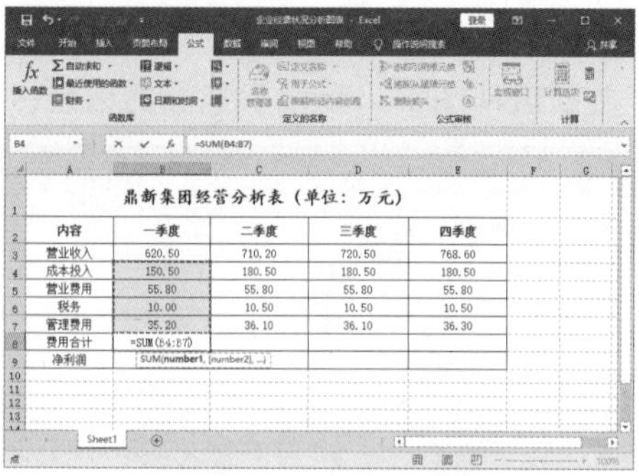 　　　　　 图9-56　输入求和函数

03 选择B9单元格，输入公式=B3-B8，如图9-57所示。然后按Enter键，计算公式结果。

04 通过向右拖动B8和B9单元格的填充柄，对创建的函数和公式进行复制，得到如图9-58所示的效果。

图9-57　输入公式

图9-58　复制填充函数和公式

05 选中A2:E9单元格区域，然后选择【插入】选项卡，在【图表】组中单击【插入柱形图或条形图】下拉按钮，在弹出的面板中选择【簇状柱形图】，如图9-59所示，即可插入簇状柱形图，效果如图9-60所示。

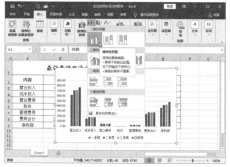

图9-59　选择图表样式

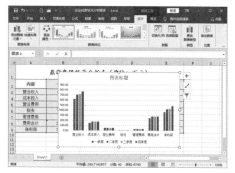

图9-60　创建图表

06 选中插入的图表，单击图表标题，将标题文字修改为"2020年经营状况"，如图9-61所示。

07 右击绘图区，在弹出的快捷菜单中选择【设置绘图区格式】命令，如图9-62所示。

图9-61　修改标题文字

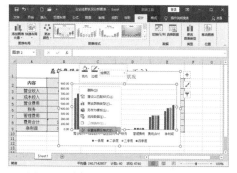

图9-62　选择【设置绘图区格式】命令

08 在打开的【设置绘图区格式】窗格中设置填充方式为【渐变填充】、填充类型为【线性】，对绘图区进行渐变填充，如图9-63所示。

09 适当移动图表的位置，图表填充后的效果如图9-64所示。

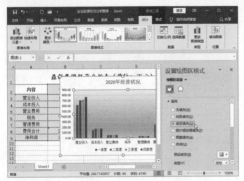

图9-63　设置绘图区的填充方式和类型

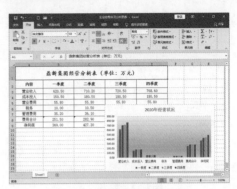

图9-64　图表填充后的效果

9.5.2 制作【员工工资透视图表】 📹视频

下面通过制作【员工工资透视图表】，练习对工资表中的数据按部门、工资水平进行汇总和筛选的相关操作，案例效果如图9-65所示。

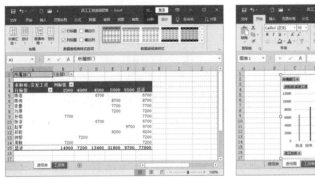

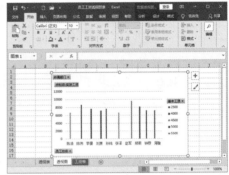

图9-65　案例效果

01 新建一个空白工作簿，将其命名为"员工工资透视图表"，然后参照图9-66输入相关数据并设置格式。

02 选中A2:H12单元格区域，选择【插入】选项卡，在【表格】组中单击【数据透视表】按钮📊，如图9-67所示。

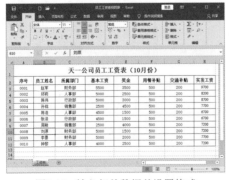

图9-66　输入相关数据并设置格式

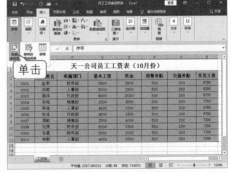

图9-67　单击【数据透视表】按钮

03 打开【创建数据透视表】对话框，选中【新工作表】单选按钮，如图9-68所示。

04 单击【确定】按钮，即可创建一个空的数据透视表，然后将新创建的工作表命名为

"透视表"，如图9-69所示。

图9-68 【创建数据透视表】对话框

图9-69 创建数据透视表

[05] 在【数据透视表字段】窗格的列表框中选中【所属部门】【员工姓名】【基本工资】和【实发工资】字段，如图9-70所示。

[06] 在【选择要添加到报表的字段】列表框中将【所属部门】字段拖放到【筛选】下拉列表框中，将【基本工资】字段拖放到【列】下拉列表框中，将【员工姓名】字段拖放到【行】下拉列表框中，将【实发工资】字段拖放到【值】下拉列表框中，如图9-71所示。

图9-70 选中指定的字段

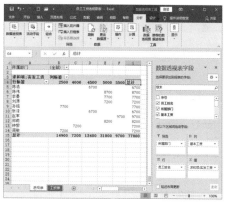

图9-71 将选中的字段拖放到指定区域

[07] 单击"所属部门"右侧的下拉按钮，在弹出的下拉列表中选中【选择多项】和【销售部】复选框，然后单击【确定】按钮，如图9-72所示。此时，数据透视表中将只显示销售部门的工资状况，如图9-73所示。

图9-72 选择想要筛选的部门

图9-73 筛选效果

08 重新筛选所有部门的工资状况，然后选择【设计】选项卡，单击【数据透视表样式】列表框，在弹出的面板中选择【淡紫，数据透视表样式中等深浅12】选项，如图9-74所示，数据透视表更改样式后的效果如图9-75所示。

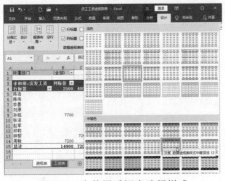

图9-74　为数据透视表选择样式

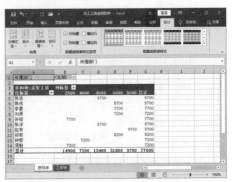

图9-75　更改数据透视表的样式

09 选中数据透视表中的任意单元格，选择【分析】选项卡，在【工具】组中单击【数据透视图】按钮，如图9-76所示。

10 打开【插入图表】对话框，在左侧的列表框中选择【柱形图】，然后在右侧选择【簇状柱形图】，如图9-77所示。

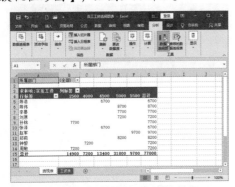

图9-76　单击【数据透视图】按钮

图9-77　【插入图表】对话框

11 单击【确定】按钮，即可在数据透视表所在的工作表中插入数据透视图，如图9-78所示。

12 新建一个工作表，将其命名为"透视图"。选中插入的数据透视图，将其剪切并粘贴到"透视图"工作表中，如图9-79所示。

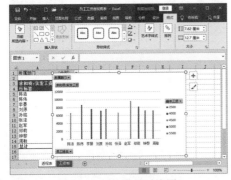

图9-78　插入数据透视图

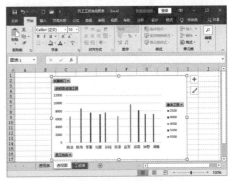

图9-79　移动数据透视图

13 单击数据透视图中的【基本工资】下拉按钮，在弹出的面板中只选中4500前面的复选框，单击【确定】按钮，如图9-80所示，即可筛选出基本工资为4500元的员工，如图9-81所示。

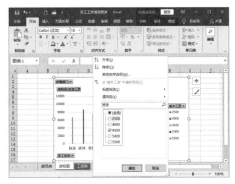

图9-80 设置筛选标准

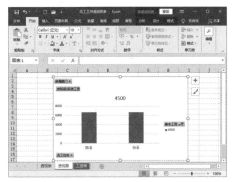

图9-81 筛选出基本工资为4500元的工资

14 单击数据透视图中的【基本工资】下拉按钮，在弹出的面板中选择【从"基本工资"中清除筛选】选项，从而清除上一步所做的筛选。

15 单击数据透视图中的【所属部门】下拉按钮，在弹出的面板中选中【选择多项】和【财务部】复选项，然后单击【确定】按钮，如图9-82所示，即可筛选出财务部门所有员工的工资状况，效果如图9-83所示。

图9-82 选择想要筛选的部门

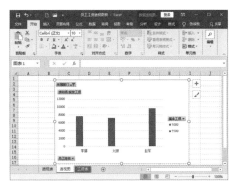

图9-83 按部门进行筛选后的结果

第3篇
PowerPoint 2019幻灯片设计与制作

　　PowerPoint(即Microsoft Office PowerPoint)是微软公司推出的演示文稿软件，用它可以制作出集文字、图形图像、声音、视频剪辑等多种元素于一体的演示文稿，用户不仅可以在投影仪或计算机上进行演示，也可以将演示文稿打印出来，制成胶片，以便应用于更广泛的领域。另外，利用 PowerPoint不仅可以创建演示文稿，而且可以在互联网上召开面对面会议、远程会议或在网上向观众展示演示文稿。

　　学完本篇后，读者将能够制作出教学课件、会议简报、销售报告、工作报告、商务汇报、商业计划书、项目宣传册、节日庆典等方面的演示报告。

- ○　第10章　编辑与设计幻灯片
- ○　第11章　设置幻灯片动画
- ○　第12章　放映与导出演示文稿

第10章
编辑与设计幻灯片

PowerPoint是目前最流行的演示文稿软件，用它可以制作出集文字、图形图像、声音、视频剪辑等多种元素于一体的演示文稿。本章将讲述在幻灯片中添加文本、修饰演示文稿、设置幻灯片中各个元素的格式等操作。

 本章重点

- ○ 新建演示文稿和幻灯片
- ○ 复制和移动幻灯片
- ○ 设置幻灯片的主题和背景
- ○ 在幻灯片中插入图形
- ○ 在幻灯片中插入表格和图表
- ○ 在幻灯片中插入声音和视频

二维码教学视频

【例10-1】在演示文稿中新建幻灯片
【例10-3】在占位符中输入文本
【例10-5】在演示文稿中复制幻灯片
【例10-6】为幻灯片设置内置主题
【例10-7】为幻灯片设置背景效果
【例10-8】在幻灯片中插入图片
【例10-9】在幻灯片中绘制自选图形
【例10-10】在幻灯片中插入SmartArt图形
【例10-11】在幻灯片中插入表格
【例10-13】在幻灯片中插入声音
【例10-14】为幻灯片录制旁白
【例10-15】在幻灯片中插入视频
案例演练——制作【产品宣传册】
　　　　　演示文稿
案例演练——制作【会议简报】演示文稿

10.1 幻灯片基础

在应用PowerPoint创建幻灯片之前，我们首先需要了解PowerPoint的一些基本知识，例如PowerPoint 2019的工作界面、演示文稿视图和幻灯片母版等。

10.1.1 PowerPoint 2019的工作界面

PowerPoint 2019的工作界面与Word 2019的相似，除常规界面元素外，PowerPoint 2019还包括幻灯片浏览窗格、编辑区等特有的界面元素，如图10-1所示。

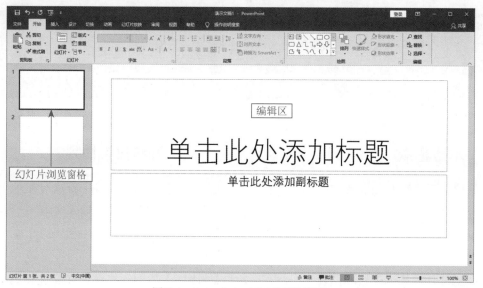

图10-1　PowerPoint 2019的工作界面

- 幻灯片浏览窗格：此处显示了幻灯片或幻灯片文本大纲的缩略图。
- 编辑区：在这里可以输入和编辑幻灯片的内容。

10.1.2 演示文稿视图

演示文稿视图是PowerPoint文档在计算机屏幕上的显示方式，PowerPoint提供了5种演示文稿视图，分别是普通视图、大纲视图、幻灯片浏览视图、备注页视图和阅读视图。选择【视图】选项卡，在【演示文稿视图】组中单击视图选项，就可以切换到相应的视图方式。

1. 普通视图

普通视图是创建或打开演示文稿后的默认视图方式，主要用于撰写或设计演示文稿，如图10-2所示。其中，状态栏显示了当前演示文稿的总页数和当前显示的是哪一页，通过单击垂直滚动条上的【上一张幻灯片】按钮▲和【下一张幻灯片】按钮▼，可以在幻灯片之间进行切换，如图10-3所示。

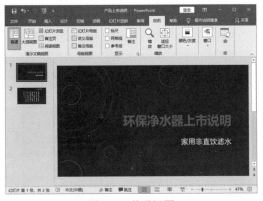

图10-2 普通视图

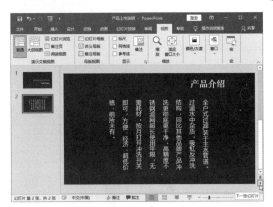

图10-3 切换幻灯片

提示

在幻灯片浏览窗格中单击幻灯片的缩略图，或者按Page Up和Page Down键，也可以在幻灯片之间进行切换。

2. 大纲视图

大纲视图的幻灯片浏览窗格中显示了演示文稿的大纲内容。在幻灯片浏览窗格中单击幻灯片的大纲列表可以快速跳转到相应的幻灯片中，如图10-4所示。用户可以通过将大纲内容从Word程序粘贴到幻灯片浏览窗格中，来轻松地创建整个演示文稿。

3. 幻灯片浏览视图

幻灯片浏览视图可以显示演示文稿中的所有幻灯片的缩略图以及完整的文本和图片，如图10-5所示。在这种视图中，既可以调整演示文稿的整体显示效果，也可以对演示文稿中的多个幻灯片进行调整，主要包括设置幻灯片的背景和配色方案、添加或删除幻灯片、复制幻灯片以及排列幻灯片等，但是在这种视图中无法编辑幻灯片中的具体内容。

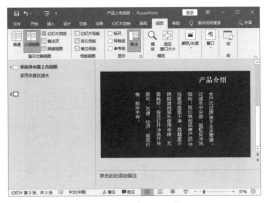

图10-4 大纲视图

图10-5 幻灯片浏览视图

4. 备注页视图

在备注页视图中，用户可以在幻灯片窗格下方的备注窗格中为幻灯片添加需要的备注内容，如图10-6所示。在普通视图中，用户在备注窗格中只能添加文本内容；而在备注页视图中，用户可以在备注窗格中插入图片。

5. 阅读视图

阅读视图中的演示文稿就是观众即将看到的效果，其中包括了在实际演示中图形、计时、影片、动画效果和切换效果的状态，如图10-7所示。在阅读视图中放映幻灯片时，用户可以对幻灯片的放映顺序、动画效果等进行检查，按Esc键可以退出阅读视图。

图10-6　备注页视图

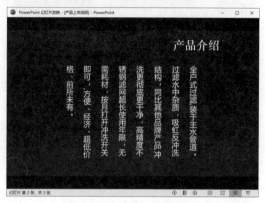

图10-7　阅读视图

10.1.3 幻灯片母版

为了在制作演示文稿时快速生成相同样式的幻灯片，从而提高工作效率、减少重复输入和设置，可以使用PowerPoint的幻灯片母版功能。PowerPoint中的母版有3种类型，分别是幻灯片母版、讲义母版、备注母版，它们的作用和视图各不相同。

1. 幻灯片母版

幻灯片母版是制作幻灯片的模板，用它可以为幻灯片设计不同的版式。经幻灯片母版设计后的幻灯片样式将显示在【插入】选项卡的【幻灯片】组中【新建幻灯片】下拉按钮的下拉面板中，这样就可以直接使用这种幻灯片样式了。

单击【视图】选项卡，在【母版视图】组中单击【幻灯片母版】按钮，便可进入幻灯片母版视图，如图10-8所示。

2. 讲义母版

在讲义母版视图中，可以更改打印设计和版式，如更改打印之前的页面设置和幻灯片的方向，定义要在讲义母版中显示的幻灯片数量，设置页眉、页脚、日期和页码，编辑主题和设置背景样式，等等。

单击【视图】选项卡，在【母版视图】组中单击【讲义母版】按钮，便可进入讲义母版视图，如图10-9所示。

3. 备注母版

在查看幻灯片的内容时，如果需要将幻灯片和备注显示在同一页面中，就可以在备注母版视图中进行查看。单击【视图】选项卡，在【母版视图】组中单击【备注母版】按钮，便可进入备注母版视图，如图10-10所示。

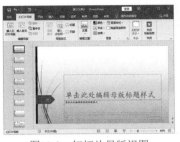
图10-8 幻灯片母版视图

图10-9 讲义母版视图

图10-10 备注母版视图

10.2 制作【教学课件】演示文稿

在PowerPoint中，所有的文本、动画和图片等数据都需要在幻灯片中进行处理。因此，在学习制作演示文稿之前，首先要掌握创建、移动、复制幻灯片等基本操作。本节以制作【教学课件】演示文稿为例，讲解幻灯片的基本操作，最终效果如图10-11所示。

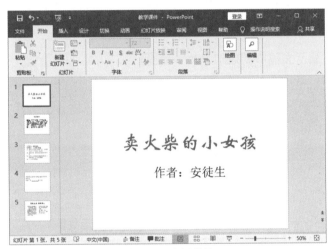
图10-11 实例效果

10.2.1 新建演示文稿和幻灯片

一个完整的演示文稿通常由多张幻灯片组成。默认情况下，在创建演示文稿时，界面的左侧会自动生成一张幻灯片。

1. 新建演示文稿

在启动PowerPoint后，在启动界面中可以选择想要创建的演示文稿类型。例如，单击【空白演示文稿】选项，如图10-12所示，系统将新建一个名为"演示文稿1"的演示文稿，其中自动包含一张幻灯片，如图10-13所示。

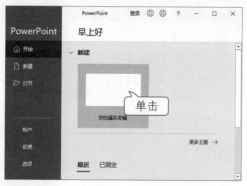
图10-12 单击【空白演示文稿】选项

图10-13 新建的演示文稿

> **提示**
>
> 在PowerPoint中，用户也可以单击【文件】按钮，从弹出的菜单中选择【新建】命令，稍后即可在出现的窗格中选择想要创建的演示文稿模板。

2. 新建幻灯片

新建幻灯片有两种方法：一种是新建默认版式的幻灯片，另一种是新建不同版式的幻灯片。

【例10-1】 在演示文稿中新建幻灯片 📹视频

01 启动PowerPoint，新建一个空白演示文稿。

02 切换到【开始】选项卡，在【幻灯片】组中单击【新建幻灯片】按钮，如图10-14所示；即可在演示文稿中插入一张幻灯片，如图10-15所示。

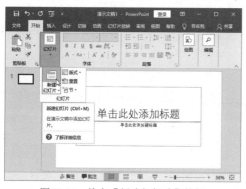
图10-14 单击【新建幻灯片】按钮

图10-15 在演示文稿中插入一张幻灯片后

03 选中第2张幻灯片，切换到【开始】选项卡。在【幻灯片】组中单击【新建幻灯片】下拉按钮，从弹出的面板中选择【两栏内容】选项，如图10-16所示；即可在演示文稿中插入一张使用"两栏内容"样式的幻灯片，如图10-17所示。

> **提示**
>
> 在幻灯片浏览窗格中右击，然后从弹出的快捷菜单中选择【新建幻灯片】命令，也可以在演示文稿中插入一张幻灯片。

图10-16　选择幻灯片样式

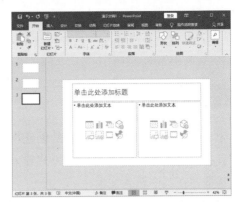

图10-17　插入一张使用指定样式的幻灯片

10.2.2　保存演示文稿

创建好演示文稿后，用户应及时进行保存，以避免因意外情况造成数据丢失。

【例10-2】　保存演示文稿　📹视频

01 新建一个空白演示文稿，单击【文件】按钮，如图10-18所示。

02 在展开的列表中选择【另存为】|【浏览】选项，如图10-19所示。

图10-18　单击【文件】按钮

图10-19　选择【浏览】选项

03 打开【另存为】对话框，设置文件的名称和保存位置，然后单击【保存】按钮，如图10-20所示。

04 执行上述操作后，标题栏中将显示演示文稿的名称，如图10-21所示。

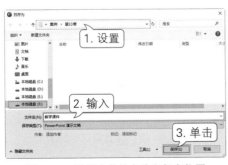

图10-20　设置文件的名称和保存位置

图10-21　保存后的演示文稿

10.2.3 输入演示文本

无论是创建空白幻灯片，还是创建模板幻灯片，创建幻灯片后都要为幻灯片输入新的内容。在幻灯片中可以通过两种方式输入文本：一种是在占位符中输入文本，另一种是插入文本框并在其中输入文本。

1. 使用占位符输入文本

占位符是PowerPoint中特有的元素，是一种无边框的容器，用户可以将文本、图片、媒体等内容放在占位符中。占位符可以自由移动，并且可以设置效果，这与设置文本框或图形的方式类似。

【例10-3】 在占位符中输入文本 视频

01 在标题占位符中单击，标题占位符将变为可编辑状态，如图10-22所示，然后输入标题文本，如图10-23所示。

图10-22 在占位符中单击

图10-23 输入标题文本

02 选中标题文本，然后在【字体】组中设置标题文本的字体为【华文新魏】、字号为72磅、字体颜色为红色，如图10-24所示。

03 在副标题占位符中输入作者的姓名，并设置字号为50磅，如图10-25所示。

图10-24 输入并设置标题文本

图10-25 输入并设置副标题文本

04 在【幻灯片】组中单击【新建幻灯片】下拉按钮，从弹出的面板中选择【标题和内容】选项，如图10-26所示，即可在演示文稿中插入一张指定样式的幻灯片，如图10-27所示。

图10-26 选择幻灯片样式

图10-27 插入幻灯片

05 选中新插入的幻灯片，在标题占位符中输入"作者简介"文本，并设置字体为【华文新魏】、字号为50磅、对齐方式为【居中】，如图10-28所示。

06 在内容占位符中输入作者的详细信息，并设置字体为【宋体】、字号为36磅，如图10-29所示。

图10-28 输入并设置标题文本

图10-29 输入并设置内容文本

2. 使用文本框输入文本

在PowerPoint中，通过使用文本框可以将文字置于任意位置，还可以对文字和文本框进行各种格式设置。

【例10-4】 在幻灯片中使用文本框 📹视频

01 选中第2张幻灯片，在【幻灯片】组中单击【新建幻灯片】下拉按钮，从弹出的面板中选择【空白】选项，如图10-30所示，即可在演示文稿中插入一张空白幻灯片，如图10-31所示。

图10-30 选择幻灯片样式

图10-31 插入空白幻灯片

02 选中插入的空白幻灯片，切换到【插入】选项卡，在【文本】组中单击【文本框】下拉按钮，在弹出的下拉列表中选择【绘制横排文本框】选项，如图10-32所示。

03 在幻灯片中按住鼠标进行拖动，即可绘制一个横排文本框，如图10-33所示。

图10-32　选择【绘制横排文本框】选项

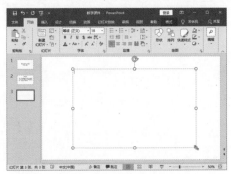

图10-33　绘制横排文本框

04 在文本框中输入一些内容，设置字号为36磅，并将前两行文本加粗，如图10-34所示。

05 选中文本框中的后6行文本，然后在【段落】组中单击【编号】下拉按钮，在弹出的面板中选择一种样式，从而为文本添加编号，效果如图10-35所示。

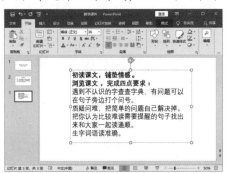

图10-34　输入并设置文本

图10-35　添加编号

10.2.4　复制幻灯片

在演示文稿中，用户既可以将已有的幻灯片复制到其他位置，也可以重新调整演示文稿中幻灯片的排列次序。

复制幻灯片时，通常可以使用如下4种方法。

- ❑ 在幻灯片浏览窗格中选中幻灯片，单击【剪贴板】组中的【复制】按钮，然后单击【粘贴】按钮，即可将选中的幻灯片复制到当前幻灯片的后面。
- ❑ 在幻灯片浏览窗格中右击幻灯片，在弹出的快捷菜单中选择【复制幻灯片】命令，即可在指定的幻灯片之后插入一张具有相同内容和版式的幻灯片。
- ❑ 在幻灯片浏览窗格中选中幻灯片，然后按Ctrl+C组合键进行复制，再按Ctrl+V组合键进行粘贴。
- ❑ 在幻灯片浏览窗格中选中幻灯片，然后按Ctrl+D组合键，即可在指定的幻灯片之后插入一张具有相同内容和版式的幻灯片。

【例10-5】 在演示文稿中复制幻灯片 🎬视频

01 选中第3张幻灯片，然后按Ctrl+D组合键，即可插入一张一模一样的幻灯片，如图10-36所示。

02 在第4张幻灯片中修改文本的内容，并为文本中的空白字符设置下画线，如图10-37所示。

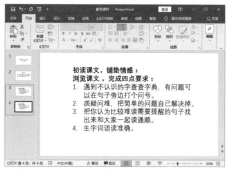

图10-36 复制并插入幻灯片

图10-37 修改文本的内容

03 选中第1张幻灯片，按Ctrl+C组合键进行复制，然后在幻灯片浏览窗格底部的空白处单击，将光标定位到所有幻灯片的后面，再按Ctrl+V组合键粘贴第1张幻灯片，如图10-38所示。

04 在第5张幻灯片中修改标题文本和正文内容，如图10-39所示，然后按Ctrl+S组合键保存制作好的教学课件。

图10-38 复制并粘贴第1张幻灯片

图10-39 修改标题文本和正文内容

10.2.5 移动幻灯片

在演示文稿中，用户可以重新调整演示文稿中幻灯片的排列次序。移动幻灯片时，通常可以使用如下3种方法。

- ❑ 在幻灯片浏览窗格中选中幻灯片，单击【剪贴板】组中的【剪切】按钮✄，然后指定所要移动的幻灯片的目标位置，单击【粘贴】按钮📋即可。
- ❑ 在幻灯片浏览窗格中选中幻灯片，然后按Ctrl+X组合键进行剪切，再按Ctrl+V组合键，在目标位置进行粘贴即可。
- ❑ 在幻灯片浏览窗格选中需要移动的幻灯片，然后按住鼠标直接拖动幻灯片到目标位置即可。

10.2.6 删除幻灯片

在编辑幻灯片的过程中，难免出现无用的幻灯片，对于这类不需要的幻灯片，用户可以将它们删除，以减小演示文稿的大小。

在幻灯片浏览窗格中右击想要删除的幻灯片，在弹出的快捷菜单中选择【删除幻灯片】命令，如图10-40所示；即可删除选中的幻灯片，如图10-41所示。

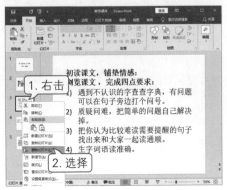 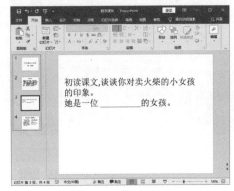

图10-40　选择【删除幻灯片】命令　　　　图10-41　删除幻灯片

提示

在幻灯片浏览窗格中选中想要删除的幻灯片，然后按Delete键，即可快速删除幻灯片。

10.3 制作【员工入职培训】演示文稿

通过设置幻灯片的主题和背景，可以使幻灯片具有丰富的色彩和良好的视觉效果。本节以制作【员工入职培训】演示文稿为例，讲解为幻灯片添加主题和背景效果的具体操作，最终效果如图10-42所示。

图10-42　实例效果

10.3.1 为幻灯片添加主题

PowerPoint提供了多种内置的主题效果，用户可以直接选择内置的主题效果来为演示文稿设置统一的外观。如果对内置的主题效果不满意，还可以配合使用内置的其他主题颜色、主题字体、主题效果等。

【例10-6】 为幻灯片设置内置主题 🎬视频

01 打开【员工入职培训】素材演示文稿，效果如图10-43所示。

02 选择【设计】选项卡，打开【主题】面板，从中选择【丝状】选项，如图10-44所示；即可为演示文稿中的幻灯片应用所选的主题效果，如图10-45所示。

图10-43　打开素材演示文稿

图10-44　选择主题效果

03 选择【设计】选项卡，打开【变体】面板，从中选择一种变体效果，即可改变幻灯片的主题效果，如图10-46所示。

图10-45　应用主题效果

图10-46　使用变体效果

04 在【变体】面板中选择【颜色】|【蓝色暖调】选项，如图10-47所示；即可修改变体效果的颜色，如图10-48所示。

图10-47　为变体效果选择颜色

图10-48　修改变体效果的颜色

05 选中标题文本，在【变体】面板中选择【字体】|【微软雅黑】选项，如图10-49所示；即可修改变体效果的字体，如图10-50所示。

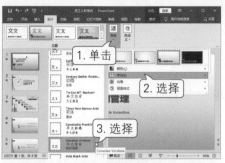

图10-49　为变体效果选择字体　　　　　　　　图10-50　修改变体效果的字体

10.3.2　为幻灯片添加背景

通过利用PowerPoint为幻灯片提供的背景效果，用户可以为幻灯片添加图案、纹理、图片或背景颜色等。

【例10-7】 为幻灯片设置背景效果　📹视频

01 选中幻灯片，然后选择【设计】选项卡，在【自定义】组中单击【设置背景格式】按钮，如图10-51所示。打开的【设置背景格式】窗格中显示了当前幻灯片使用的背景填充方式，如图10-52所示。

图10-51　单击【设置背景格式】按钮　　　　　图10-52　【设置背景格式】窗格

02 在【设置背景格式】窗格中选中【纯色填充】单选按钮，可以设置幻灯片的背景为纯色填充效果，如图10-53所示。

03 在【设置背景格式】窗格中选中【图片或纹理填充】单选按钮，可以设置幻灯片的背景为图片或纹理效果，如图10-54所示。

图10-53　设置纯色填充背景　　　　　　　　图10-54　设置图片或纹理填充背景

在【设置背景格式】窗格中选中【图案填充】单选按钮，可以设置幻灯片的背景为图案效果，如图10-55所示。

05 在【设置背景格式】窗格中选中【隐藏背景图形】复选框，可以隐藏背景图形，如图10-56所示。

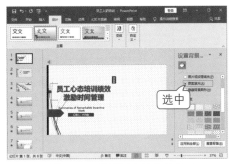

图10-55　设置图案填充背景

图10-56　隐藏背景图形

> **提示**
>
> 选中幻灯片，在幻灯片中的任意位置右击，从弹出的快捷菜单中选择【设置背景格式】命令，也可以打开【设置背景格式】窗格。在【设置背景格式】窗格中单击【应用到全部】按钮，即可将设置的背景应用到所有的幻灯片中。

10.4 制作【商业计划书】演示文稿

在幻灯片中插入图形图像，可以使幻灯片图文并茂，并增强幻灯片所要表达的内容。在PowerPoint中，不仅可以插入图片，还可以插入剪贴画和SmartArt图形。本节以制作【商业计划书】演示文稿为例，讲解在幻灯片中插入图形图像的相关操作，最终效果如图10-57所示。

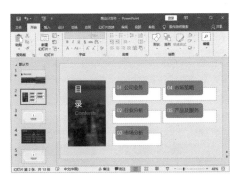

图10-57　实例效果

10.4.1 在幻灯片中插入图片

通过在幻灯片中插入图片，可以使幻灯片更加美观且更富有表现力。

【例10-8】 在幻灯片中插入图片 视频

01 打开【商业计划书】素材演示文稿，选中第1张幻灯片，然后选择【插入】选项卡，在【图像】组中单击【图片】下拉按钮 ，从弹出的下拉列表中选择【此设备】选项，如图10-58所示。

02 在打开的【插入图片】对话框中选择一张名为"背景"的图片，单击【插入】按钮，如图10-59所示。

图10-58　选择【此设备】选项

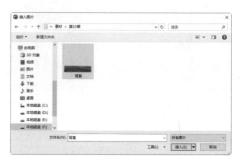

图10-59　选择想要插入的图片

04 插入图片后，拖动图片四周的控制点，调整图片的大小和位置，如图10-60所示。

05 选中第2张幻灯片，然后使用前面介绍的方法插入"背景"图片，如图10-61所示。

图10-60　调整图片的大小

图10-61　插入图片

06 右击第2张幻灯片中的图片，在弹出的快捷菜单中选择【置于底层】|【置于底层】选项，如图10-62所示，从而将图片覆盖的文字显示出来，如图10-63所示。

图10-62　将图片置于底层

图10-63　将图片覆盖的文字显示出来

07 选择【格式】选项卡，在【大小】组中单击【裁剪】按钮 ，对图片进行裁剪，如图10-64所示。

08 拖动图片四周的控制点，调整图片的大小，然后适当移动图片，如图10-65所示。

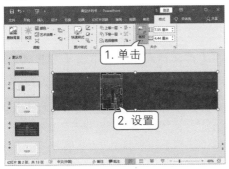

图10-64 裁剪图片

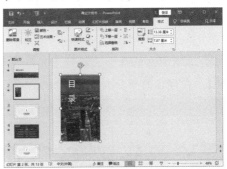

图10-65 调整并移动图片

09 在【调整】组中单击【艺术效果】下拉按钮，从弹出的面板中选择一种艺术效果，如图10-66所示，应用后的效果如图10-67所示。

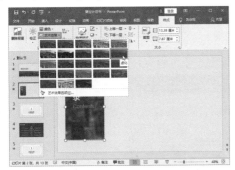

图10-66 选择一种艺术效果

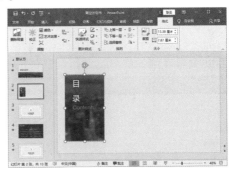

图10-67 应用艺术效果

10.4.2 在幻灯片中绘制自选图形

在PowerPoint中，除了可以在幻灯片中插入图片之外，还可以绘制自选图形。PowerPoint提供了许多几何图形供用户选择。

【例10-9】 在幻灯片中绘制自选图形 📹视频

01 选中第1张幻灯片，然后选择【插入】选项卡，在【插图】组中单击【形状】下拉按钮，在弹出的面板中选择【矩形】选项，如图10-68所示。

02 在幻灯片中拖动鼠标，绘制一个矩形，如图10-69所示。

图10-68 选择【矩形】选项

图10-69 绘制矩形

03 选中绘制的矩形，选择【格式】选项卡，在【形状样式】组中单击【形状填充】下拉按钮，在弹出的面板中选择【黑色，文字1】选项，将矩形修改为黑色，如图10-70所示。

04 选中绘制的矩形，选择【格式】选项卡，在【形状样式】组中单击【形状效果】下拉按钮，在弹出的下拉列表中选择【映像】|【紧密映像：接触】选项，如图10-71所示。

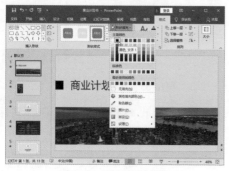

图10-70 选择形状颜色

图10-71 选择形状效果

05 绘制另一个矩形，如图10-72所示，将其置于幻灯片底层，如图10-73所示。

图10-72 绘制另一个矩形

图10-73 将绘制的另一个矩形置于幻灯片底层

> **提示**
>
> 要组合图形、图片或艺术字等对象，可以在选择要组合的对象后，按Ctrl+G组合键；要取消某个组合，可以在选择这个组后，按Ctrl+Shift+G组合键。

10.4.3 在幻灯片中插入SmartArt图形

在幻灯片中，用户可根据需要插入各种类型的SmartArt图形。虽然这些SmartArt图形的样式有所不同，但它们的操作方法相似。

【例10-10】 在幻灯片中插入SmartArt图形 🎬 视频

01 选中第2张幻灯片，选择【插入】选项卡，在【插图】组中单击SmartArt按钮，如图10-74所示。

02 打开【选择SmartArt图形】对话框，在中间的列表框中选择【垂直框列表】选项，如图10-75所示。

03 单击【确定】按钮，即可在当前张幻灯片中插入指定样式的SmartArt图形，如

图10-76所示。

04 在SmartArt图形的文本框中修改文本内容，并适当调整图形的大小和位置，如图10-77所示。

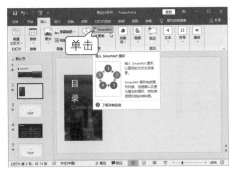

图10-74　单击【SmartArt】按钮

图10-75　选择SmartArt图形

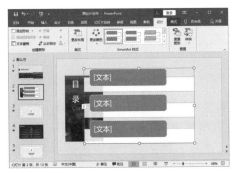

图10-76　插入SmartArt图形

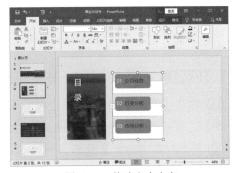

图10-77　修改文本内容

05 选中SmartArt图形，然后在按住Ctrl键的同时进行拖动，对SmartArt图形进行复制，效果如图10-78所示。

06 修改SmartArt图形中的文本，然后删除多余的图形，并适当调整图形的大小和位置，效果如图10-79所示。

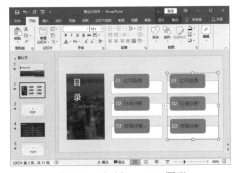

图10-78　复制SmartArt图形

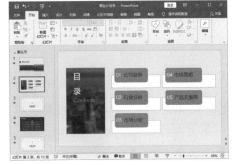

图10-79　修改SmartArt图形

10.5 制作【产品销售报告】演示文稿

在PowerPoint中，通过制作表格和图表类型的幻灯片，可以清晰地表达幻灯片中的各种数据。本节以制作【产品销售报告】演示文稿为例，讲解在幻灯片中插入表格和图表的相关操作，最终效果如图10-80所示。

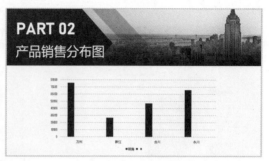

图10-80　实例效果

10.5.1　插入表格

如果需要在演示文稿中添加有一定规律的数据，可以使用表格来完成。

【例10-11】 在幻灯片中插入表格 🎬视频

01 打开【产品销售报告】素材演示文稿。选中第3张幻灯片，在【表格】组中单击【表格】下拉按钮，在弹出的面板中选择4列5行的表格范围，如图10-81所示。

02 在幻灯片中插入表格后，拖动表格的边框可调整表格大小，还可拖动整个表格以调整其位置，如图10-82所示。

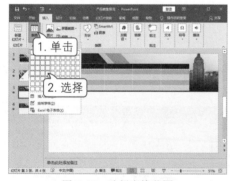

图10-81　选择表格范围

图10-82　调整表格

03 在表格中依次输入项目标题和相应的文本，然后在【开始】选项卡的【字体】组中设置不同文本的格式，如图10-83所示。

04 选中表格中的全部文本，选择【布局】选项卡，在【对齐方式】组中分别单击【居中】按钮☰和【垂直居中】按钮☱，对表格中的文本进行水平和垂直居中对齐，如图10-84所示。

图10-83　输入并设置文本

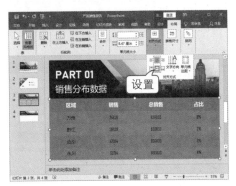

图10-84　设置文本居中对齐

提示

在PowerPoint中，我们还可以精确调整表格中的单元格大小。选中要调整的单元格，单击【表格工具】的【布局】选项卡，在【单元格大小】组中输入宽度和高度即可。

10.5.2　插入图表

图表是数据的图形化表示形式，采用合适的图表类型来显示数据将有助于人们理解数据。

【例10-12】在幻灯片中插入图表 视频

01 选中第4张幻灯片，选择【插入】选项卡，在【插图】组中单击【图表】按钮，如图10-85所示。

02 打开【插入图表】对话框，在左侧的列表框中选择【柱形图】，然后从右侧选择【簇状柱形图】，如图10-86所示。

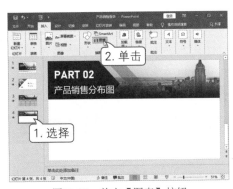

图10-85　单击【图表】按钮

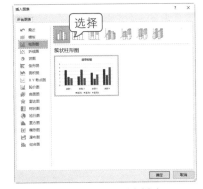

图10-86　选择图表样式

03 单击【确定】按钮，将弹出图表数据编辑工作簿，如图10-87所示。

04 删除工作表中默认的数据，返回到演示文稿中。在选中第3张幻灯片之后，选择表格中的前两列数据并右击，从弹出的快捷菜单中选择【复制】选项，如图10-88所示。

05 返回到图表数据编辑工作簿中，选中第一个单元格，然后按Ctrl+V组合键，将复制的数据粘贴到工作表中，如图10-89所示。

06 选中第4张幻灯片，关闭图表数据编辑工作簿，即可看到插入的柱形图表。拖动图表四周的控制点，即可调整图表的大小，如图10-90所示。

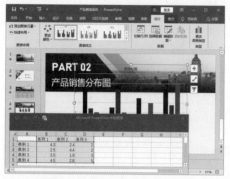

图10-87　图表数据编辑工作簿

图10-88　复制数据

图10-89　粘贴数据

图10-90　插入的柱形图表

10.6　制作【项目融资宣传册】演示文稿

使用PowerPoint不仅可以制作普通的文字和图形类演示文稿，还可以添加声音、视频等多媒体元素，从而使演示文稿有声有色，并增强幻灯片的表现力。本节以制作【项目融资宣传册】演示文稿为例，讲解在幻灯片中添加声音、视频等多媒体元素的相关操作，最终效果如图10-91所示。

图10-91　实例效果

10.6.1 插入声音文件

在PowerPoint中，可以将文件里的声音或音乐添加到幻灯片中，这样在放映幻灯片的时候就可以听到声音了。

【例10-13】 在幻灯片中插入声音 📹视频

01 打开【项目融资宣传册】素材演示文稿。选中第1张幻灯片，单击【插入】选项卡，在【媒体】组中单击【音频】下拉按钮，在弹出的下拉列表中选择【PC上的音频】选项，如图10-92所示。

02 打开【插入音频】对话框，选择名为"音乐"的音频文件，单击【插入】按钮，如图10-93所示。

图10-92　选择【PC上的音频】选项

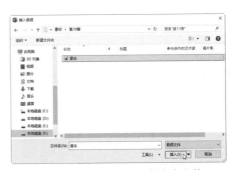

图10-93　选择想要插入的声音文件

03 在幻灯片中插入声音文件后，幻灯片中就会出现声音图标，将光标移向声音图标时，将会显示播放控制条，如图10-94所示。

04 选中声音图标，然后选择【播放】选项卡，在【编辑】组中的【渐强】和【渐弱】微调框中输入00.50(表示0.5秒)，如图10-95所示。

图10-94　播放控制条

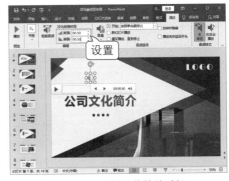

图10-95　设置淡化持续时间

05 在【音频选项】组中单击【音量】下拉按钮，在弹出的下拉列表中可以设置声音的大小，如图10-96所示。

06 选中【循环播放，直到停止】复选框后，就可以循环播放声音文件了，单击播放控制条上的【播放】按钮▶，即可开始播放音频，如图10-97所示。

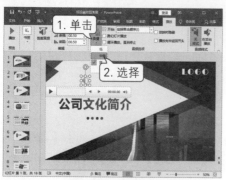
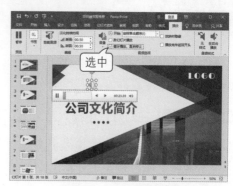

图10-96　设置音量　　　　　　　　　　图10-97　循环播放音频

提示

　　　双击声音图标就可以听到声音的播放效果。如果用户需要删除声音，那么可以在选中声音图标后，按Delete键即可。如果添加了多个声音，那么这些声音会按照添加顺序依次播放。

10.6.2　录制旁白

　　除了可以在幻灯片中插入文件里的声音之外，用户还可以自己录制与演示文稿相关的声音。

【例10-14】 为幻灯片录制旁白 ⊙视频

　　01 选中第1张幻灯片，选择【插入】选项卡，单击【媒体】组中的【音频】下拉按钮，在弹出的下拉列表中选择【录制音频】选项，如图10-98所示。

　　02 打开【录制声音】对话框，输入所要录制的音频的名称，然后单击【录音】按钮 ■ 即可开始录制声音，如图10-99所示。

图10-98　选择【录制音频】选项　　　　图10-99　【录制声音】对话框

　　03 录制好声音以后，单击【停止】按钮■停止录音，然后单击【确定】按钮结束录制，即可在幻灯片中插入录制的声音，如图10-100所示。

　　04 选择【播放】选项卡，可以设置所录制声音的淡化持续时间并调整音量，如图10-101所示。

图10-100 插入录制的声音

图10-101 设置声音属性

10.6.3 插入视频文件

在幻灯片中不仅可以插入声音，而且可以插入视频。插入视频后，用户便可以根据需要设置视频的播放属性。

【例10-15】 在幻灯片中插入视频 🎥视频

01 选中第4张幻灯片作为需要插入视频的位置。单击【插入】选项卡，在【媒体】组中单击【视频】下拉按钮，从弹出的下拉列表中选择【此设备】选项，如图10-102所示。

02 打开【插入视频文件】对话框，选中名为"宣传片"的视频文件，然后单击【插入】按钮，如图10-103所示。

图10-102 选择【此设备】选项

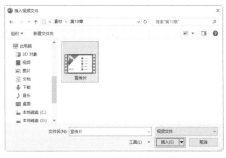

图10-103 选择想要插入的视频文件

03 在幻灯片中插入视频对象后的效果如图10-104所示。拖动视频对象四周的控制点可以调整视频对象的大小，如图10-105所示。

图10-104 插入视频对象后的效果

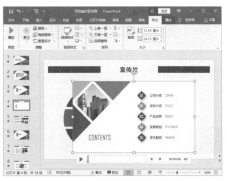

图10-105 调整视频对象的大小

[04] 选中视频对象，选择【格式】选项卡，在【调整】组中单击【颜色】下拉按钮，从弹出的下拉列表中选择【玫瑰红，个性色2 浅色】选项，如图10-106所示，调整完颜色后的效果如图10-107所示。

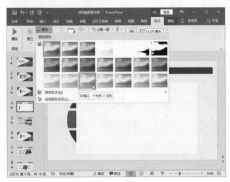 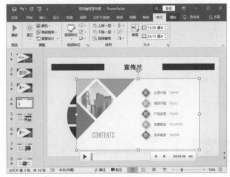

图10-106 设置颜色　　　　　　　　　图10-107 调整完颜色后的效果

[05] 保持视频对象处于选中状态，选择【播放】选项卡，在【编辑】组中单击【剪裁视频】按钮，如图10-108所示。

[06] 打开【剪裁视频】对话框，拖动开始滑块和结束滑块以设置剪裁范围，然后单击【确定】按钮即可完成对视频的剪裁，如图10-109所示。

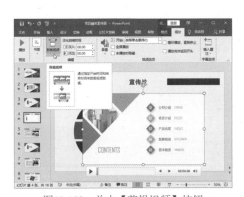 

图10-108 单击【剪辑视频】按钮　　　　　　　图10-109 【剪辑视频】对话框

10.7 案例演练

本节将通过制作【产品宣传册】和【会议简报】演示文稿，帮助读者进一步掌握PowerPoint幻灯片的编辑与设计操作。

10.7.1 制作【产品宣传册】演示文稿　🎬 视频

下面将通过制作【产品宣传册】演示文稿，介绍如何使用PowerPoint提供的相册功能来制作公司产品的宣传册，案例效果如图10-110所示。

图10-110　案例效果

01 启动PowerPoint，在打开的界面中选择【新建】选项，然后单击【空白演示文稿】选项，如图10-111所示，即可新建一个空白演示文稿，如图10-112所示。

图10-111　单击【空白演示文稿】选项

图10-112　新建空白演示文稿

02 选择【插入】选项卡，然后在【图像】组中单击【相册】按钮，如图10-113所示。

03 在打开的【相册】对话框中单击【文件/磁盘】按钮，如图10-114所示。

图10-113　单击【相册】按钮

图10-114　单击【文件/磁盘】按钮

04 打开【插入新图片】对话框，选中"产品宣传册"文件夹中的8张图片，然后单击【插入】按钮，如图10-115所示。

05 返回到【相册】对话框中，在【相册版式】选项栏的【图片版式】下拉列表框中选择【2张图片】选项，如图10-116所示。

图10-115　选择想要插入的图片

图10-116　设置图片版式

06 在【相框形状】下拉列表中选择【居中矩形阴影】选项，如图10-117所示。

07 单击【创建】按钮，即可创建新的相册演示文稿，如图10-118所示。

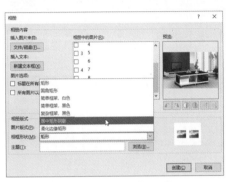

图10-117　选择相框形状

图10-118　创建的相册演示文稿

08 单击【文件】按钮，在打开的界面中选择【另存为】选项，然后单击【浏览】按钮，如图10-119所示。

09 打开【另存为】对话框，设置相册演示文稿的保存路径和文件名，然后单击【保存】按钮进行保存，如图10-120所示。

图10-119　单击【浏览】按钮

图10-120　【另存为】对话框

10 选中第1张幻灯片，删除标题占位符中默认的文本内容，重新输入标题文本，并设置字体和对齐方式，如图10-121所示。

11 删除副标题占位符中默认的文本内容，重新输入副标题文本，并设置字体和对齐方式，如图10-122所示。

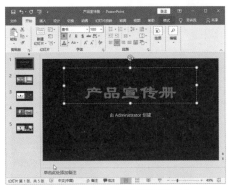

图10-121　输入并设置标题文本

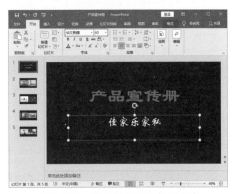

图10-122　输入并设置副标题文本

12 选中第2张幻灯片中的两张图片，选择【格式】选项卡，在【图片样式】组中单击【快速样式】下拉按钮，在弹出的面板中选择【松散透视，白色】选项，如图10-123所示，设置完图片样式后的效果如图10-124所示。

图10-123　选择图片样式

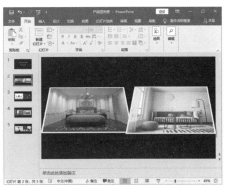

图10-124　设置完图片样式后的效果

13 选中最后一张幻灯片中的两张图片，选择【格式】选项卡，在【调整】组中单击【颜色】下拉按钮，在弹出的面板中选择【蓝色，个性色1浅色】选项，如图10-125所示，设置完图片颜色后的效果如图10-126所示。

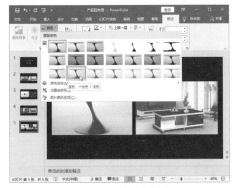

图10-125　选择图片颜色

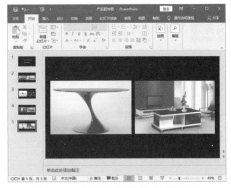

图10-126　设置完图片颜色后的效果

14 选中第3张幻灯片，通过拖动方式，重新调整其中两张图片的位置，将一张图片放置在幻灯片的左上角，而将另一张图片放置在幻灯片的右下角，效果如图10-127所示。

15 选中最后一张幻灯片，切换到【开始】选项卡，然后在【幻灯片】组中单击【新建幻灯片】下拉按钮，在打开的面板中选择【仅标题】选项，插入一张仅包含标题的幻灯片，如图10-128所示。

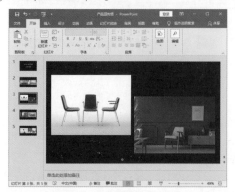

图10-127　调整图片的位置

图10-128　选择【仅标题】选项

16 在最后一张幻灯片的标题占位符中输入"谢谢您的观看"文本，并设置文本的字体格式，然后调整文本的位置，如图10-129所示。

17 切换到【视图】选项卡，在【演示文稿视图】组中单击【幻灯片浏览】按钮 ，对演示文稿中的幻灯片进行浏览，效果如图10-130所示。

18 按Ctrl+S组合键对演示文稿进行保存。

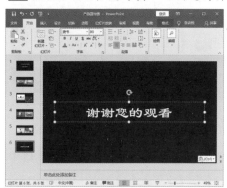

图10-129　输入并设置文本

图10-130　浏览幻灯片

10.7.2 制作【会议简报】演示文稿 视频

下面将通过制作【会议简报】演示文稿，练习制作幻灯片的一些基本操作，案例效果如图10-131所示。

01 启动PowerPoint，在打开的界面中选择【新建】选项，然后在出现的演示文稿模板中单击【离子会议室】选项，如图10-132所示。

02 在弹出的界面中单击【创建】按钮，如图10-133所示。

图10-131　案例效果

图10-132　选择模板　　　　　　　　　图10-133　单击【创建】按钮

03 在使用所选的模板创建了演示文稿之后，将创建的演示文稿命名为"会议简报"。

04 在幻灯片浏览窗格中右击，在弹出的菜单中选择【新建幻灯片】命令，如图10-134所示，新插入的幻灯片如图10-135所示。

图10-134　选择【新建幻灯片】命令　　　图10-135　插入一张幻灯片

05 使用上述操作，继续插入6张幻灯片，如图10-136所示。

06 选中第1张幻灯片，然后在标题占位符中输入标题文本，设置字体为【华文琥珀】、字号为100磅、颜色为红色、对齐方式为【居中】，如图10-137所示。

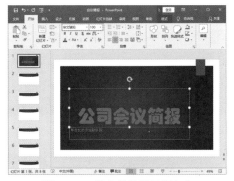

图10-136　继续插入6张幻灯片　　　　图10-137　输入并设置标题文本

07 在第1张幻灯片的副标题占位符中输入副标题文本，并设置字体为【楷体】、字号为48磅、对齐方式为【居中】，如图10-138所示。

08 选中第1张幻灯片中的标题占位符，向上拖动一些，调整标题占位符的位置，如图10-139所示。

图10-138　输入并设置副标题文本

图10-139　调整标题占位符的位置

09 选中第2张幻灯片，分别在标题占位符和内容占位符中输入如图10-140所示的文本。

10 选中内容占位符中的文本，切换到【开始】选项卡，在【段落】组中单击【项目符号】下拉按钮⋮，在弹出的面板中选择一种项目符号，如图10-141所示。

图10-140　输入文本

图10-141　选择一种项目符号

11 在第3～7张幻灯片的标题占位符和内容占位符中依次输入相应的文本。

12 选中第5张幻灯片，然后选中内容占位符中第2行以后的文本，切换到【开始】选项卡，在【段落】组中单击【编号】下拉按钮⋮，从弹出的面板中选择一种编号样式，如图10-142所示。

13 使用同样的方法，为第6和7张幻灯片中的内容文本添加编号样式。

14 选中第4张幻灯片，然后选中内容占位符中的文本，切换到【开始】选项卡，在【段落】组中单击【行距】下拉按钮⋮，在弹出的下拉列表中选择1.5选项，如图10-143所示。

图10-142　选择一种编号样式

图10-143　设置段落行距

⒂选中最后一张幻灯片，然后选中标题占位符，按Delete键将其删除。

⒃在最后一张幻灯片的内容占位符中输入文本"谢谢您的观看"，设置字体为【方正姚体】、字号为80磅、字形为【加粗】、字体颜色为紫色，然后将内容占位符移到幻灯片居中的位置，如图10-144所示。

⒄切换到【视图】选项卡，单击【演示文稿视图】组中的【幻灯片浏览】按钮▦，浏览幻灯片效果，如图10-145所示。

⒅按Ctrl+S组合键对演示文稿进行保存。

图10-144　输入并设置内容文本

图10-145　浏览幻灯片效果

第11章
设置幻灯片动画

为了使幻灯片更富有活力、更具吸引力，用户可以为幻灯片添加动画效果，以便在为幻灯片添加趣味性和可视性的基础上，提升幻灯片的视觉效果和专业性。本章将讲解为幻灯片添加动画的具体操作。

 本章重点

○ 预定义动画效果
○ 设置动画效果
○ 设置幻灯片切换效果

二维码教学视频

【例11-1】设置对象的进入效果
【例11-2】设置对象的强调效果
【例11-3】设置对象的退出效果
【例11-4】设置对象的动作路径
【例11-5】调整幻灯片中动画出现的顺序
【例11-6】修改动画效果
【例11-7】设置幻灯片切换效果
【例11-8】设置幻灯片的切换时间和切换
　　　　方式
案例演练——制作【卷轴动画】

11.1 预定义动画效果

创建好幻灯片的内容之后，用户可以为幻灯片中的各个对象依次设置动画效果。如果对动画的设置方法还不了解，那么可以使用PowerPoint的预定义动画功能为幻灯片设置动画效果。

11.1.1 进入效果

进入效果是指对象在幻灯片放映过程中进入放映界面时的效果。

【例11-1】设置对象的进入效果 📹视频

01 打开【工作报告】素材演示文稿，选择第1张幻灯片中右侧的图片，如图11-1所示。

02 单击【动画】选项卡，在【高级动画】组中单击【添加动画】下拉按钮，然后从弹出的面板中选择【飞入】效果，如图11-2所示。

图11-1 选择右侧的图片

图11-2 选择【飞入】效果

03 在为图片添加【飞入】效果之后，【动画】组将突出显示当前幻灯片使用的效果，如图11-3所示。

04 在【动画】组中单击【效果选项】下拉按钮，从弹出的下拉列表中选择【自底部】选项，设置图片从底部飞入幻灯片中，如图11-4所示。

图11-3 【动画】组突出显示了当前幻灯片使用的效果

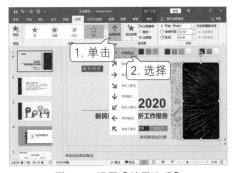
图11-4 设置【效果选项】

05 在【计时】组的【持续时间】微调框中输入01.00，表示动画的持续时间为1秒，如图11-5所示。

06 在【预览】组中单击【预览】按钮 ⭐▶ ，就可以预览设置的动画效果，如图11-6所示。

图11-5 设置动画的持续时间

图11-6 预览动画效果

07 选择如图11-7所示的图片，然后选择【动画】选项卡，在【高级动画】组中单击【添加动画】下拉按钮，从弹出的面板中选择【劈裂】效果，如图11-8所示。

图11-7 选择图片

图11-8 选择【劈裂】效果

08 选择文本对象2020，如图11-9所示，在【高级动画】组中单击【添加动画】下拉按钮，从弹出的面板中选择【翻转式由远及近】效果，如图11-10所示。

图11-9 选择文本对象

图11-10 选择【翻转式由远及近】效果

09 选择直线，如图11-11所示，在【高级动画】组中单击【添加动画】下拉按钮，从弹出的面板中选择【擦除】效果，如图11-12所示。

图11-11　选择直线

图11-12　选择【擦除】效果

> **提示**
>
> 　　选择【动画】选项卡，在【高级动画】组中单击【添加动画】下拉按钮，从弹出的面板中选择【更多进入效果】选项，如图11-13所示，可以在打开的【添加进入效果】对话框中设置更多的进入效果，如图11-14所示。

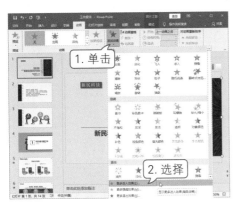

图11-13　选择【更多进入效果】选项

图11-14　【添加进入效果】对话框

11.1.2　强调效果

　　通过设置强调效果，可以增强幻灯片的表现力。

【例11-2】设置对象的强调效果 📀视频

　　01 打开前面制作的【工作报告】演示文稿。

　　02 选择如图11-15所示的文本对象，在【高级动画】组中单击【添加动画】下拉按钮，从弹出的面板中选择【彩色脉冲】效果，如图11-16所示。

　　03 在【动画】组中单击【效果选项】下拉按钮，从弹出的面板中选择【全部一起】选项，如图11-17所示。

04 选择文本对象"新民科技"，在【高级动画】组中单击【添加动画】下拉按钮，从弹出的面板中选择【加粗闪烁】效果，如图11-18所示。

图11-15　选择文本对象

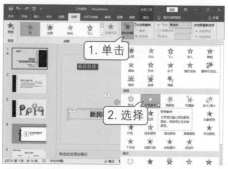
图11-16　选择【颜色脉冲】效果

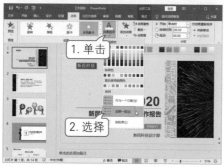
图11-17　选择【全部一起】选项

图11-18　选择【加粗闪烁】效果

11.1.3　退出效果

退出效果是指设置对象在幻灯片放映过程中退出放映界面时的效果。

【例11-3】 设置对象的退出效果 视频

01 打开前面制作的【工作报告】演示文稿。

02 选择如图11-19所示的文本对象，在【高级动画】组中单击【添加动画】下拉按钮，从弹出的面板中选择【飞出】效果，如图11-20所示。

图11-19　选择文本对象

图11-20　选择【飞出】效果

03 在【动画】组中单击【效果选项】下拉按钮，从弹出的下拉列表中选择【到顶部】选项，如图11-21所示。

　　04 选择最下方的文本对象，在【高级动画】组中单击【添加动画】下拉按钮，然后从弹出的面板中选择【浮出】效果，如图11-22所示。

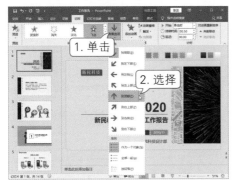

图11-21　设置【效果选项】

图11-22　选择【浮出】效果

提示.

　　在演示文稿中，用户可以对幻灯片中的同一个对象反复设置多种不同的动画效果。

11.2　设置动画效果

　　在演示文稿中，除了可以添加进入、强调和退出效果之外，用户还可以根据需要对动画效果进行设置。

11.2.1　设置动作路径

　　路径动画是幻灯片自定义动画的一种表现形式，选择某种路径动画后，对象将沿指定的路径进行运动。

【例11-4】 设置对象的动作路径 视频

　　01 打开前面制作的【工作报告】演示文稿。

　　02 在第1张幻灯片中选择文本对象2020，然后切换到【动画】选项卡，在【高级动画】组中单击【添加动画】下拉按钮，从弹出的面板中选择【其他动作路径】选项，如图11-23所示。

　　03 打开【添加动作路径】对话框，在【直线和曲线】选项栏中选择【S形曲线1】选项，然后单击【确定】按钮，如图11-24所示。

　　04 在【动画】组中单击【效果选项】下拉按钮，从弹出的下拉列表中选择【编辑顶点】选项，如图11-25所示。

05 拖动路径的顶点，即可调整路径的形状，如图11-26所示。

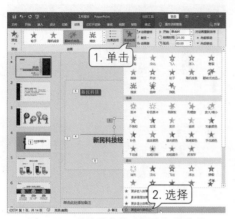

图11-23　选择【其他动作路径】选项

图11-24　选择动作路径

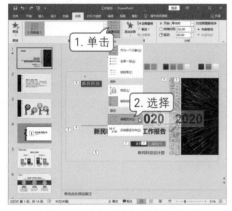

图11-25　选择【编辑顶点】选项

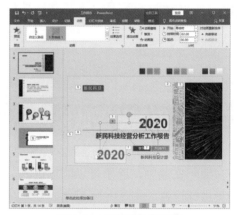

图11-26　调整路径的形状

11.2.2 重新排序动画

在同一张幻灯片中设置了多个动画后，用户还可以根据需要重新调整各个动画出现的顺序。

【例11-5】 调整幻灯片中动画出现的顺序 🎬视频

01 打开前面制作的【工作报告】演示文稿。

02 选中第1张幻灯片，切换到【动画】选项卡，单击【高级动画】组中的【动画窗格】按钮📷，打开【动画窗格】，如图11-27所示。

03 在【动画窗格】中选中动画列表中的第6个动画，然后在【动画窗格】中单击【向后移动】按钮，即可将选中的动画放到后面，从而调整动画的播放顺序，如图11-28所示。

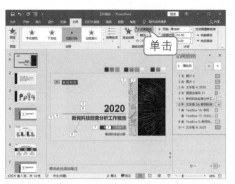
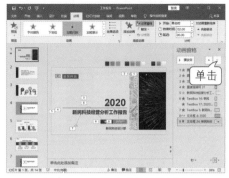

图11-27　打开【动画窗格】　　　　　　图11-28　调整动画的播放顺序

11.2.3　修改动画

如果对已经设置好的动画效果不满意，那么可以重新设置动画效果，或者将创建的动画效果删除。

【例11-6】修改动画效果 📹视频

01 在【动画窗格】中选中动画列表中的第5个动画，如图11-29所示。

02 在【动画】组中单击下拉按钮，然后从弹出的面板中选择【缩放】效果，即可将原来的彩色脉冲动画效果修改为缩放动画效果，如图11-30所示。

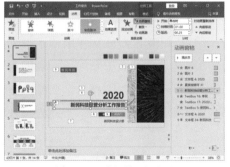

图11-29　选择第5个动画　　　　　　图11-30　重新选择动画效果(一)

03 在【动画窗格】中选中动画列表中的第6个动画，如图11-31所示。

04 在【动画】组中单击下拉按钮，然后从弹出的面板中选择【随机线条】效果，如图11-32所示。

05 在【动画】组中单击【效果选项】下拉按钮，从弹出的下拉列表中选择【垂直】选项，将原来的动画效果修改为垂直形式的随机线条动画效果，如图11-33所示。

06 在【动画窗格】中选中动画列表中的第7个动画，在【动画】组中单击下拉按钮，然后从弹出的面板中选择【出现】效果，如图11-34所示。

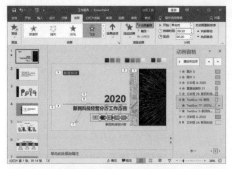
图11-31　选择第6个动画

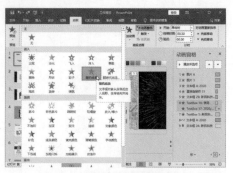
图11-32　重新选择动画效果(二)

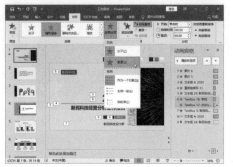
图11-33　选择【垂直】选项

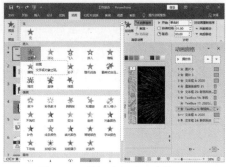
图11-34　重新选择动画效果(三)

11.2.4　删除动画

在【动画窗格】中单击想要删除的动画右侧的下拉按钮 ，然后从弹出的下拉列表中选择【删除】选项，如图11-35所示，即可将选中的动画从动画列表中删除，动画的编号将自动发生改变，如图11-36所示。

图11-35　选择【删除动画】选项

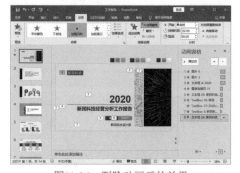
图11-36　删除动画后的效果

提示

　　如果要同时删除多个动画，那么可以在按住Ctrl键的同时依次选中它们，然后进行删除即可。

11.3 设置幻灯片切换效果

幻灯片的切换效果是指在放映过程中从前一张幻灯片转到后一张幻灯片时出现的样式，也就是两张连续的幻灯片之间的过渡效果。

11.3.1 添加切换效果

为方便用户设置幻灯片切换效果，PowerPoint为幻灯片的切换提供了多种预设方案。

☞【例11-7】设置幻灯片切换效果 🎬视频

01 打开前面制作的【工作报告】演示文稿。

02 选中第1张幻灯片，切换到【切换】选项卡，在【切换到此幻灯片】组中选择【擦除】选项，如图11-37所示。

03 为第1张幻灯片添加切换效果后，在【切换到此幻灯片】组中单击【效果选项】下拉按钮，从弹出的下拉列表中选择【自左侧】选项，设置动画从左到右进行擦除，如图11-38所示。

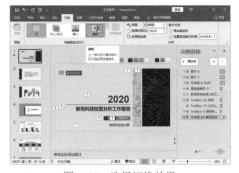

图11-37 选择切换效果

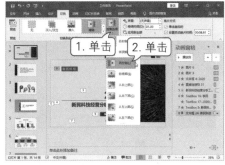

图11-38 设置【效果选项】(一)

04 选中第2张幻灯片，切换到【切换】选项卡，在【切换到此幻灯片】组中单击下拉按钮，从弹出的面板中选择【页面卷曲】效果，如图11-39所示。

05 在【切换到此幻灯片】组中单击【效果选项】下拉按钮，从弹出的下拉列表中选择【双右】选项，如图11-40所示。

图11-39 选择切换效果

图11-40 设置【效果选项】(二)

11.3.2 设置切换计时

为幻灯片设置完切换动画后，还可以对切换动画进行设置，比如设置切换动画时出现的声音、持续时间、换片方式等。

【例11-8】 设置幻灯片的切换时间和切换方式 📹 视频

01 选中第1张幻灯片，然后选择【切换】选项卡，在【计时】组中的【持续时间】微调框中输入切换幻灯片的持续时间，如图11-41所示。

02 在【计时】组中取消选中【单击鼠标时】复选框，选中【设置自动换片时间】复选框，并对换片时间进行设置，如图11-42所示。

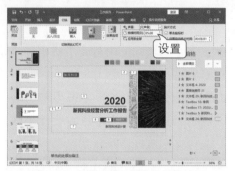
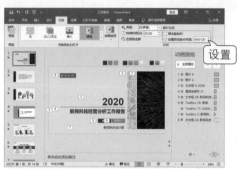

图11-41　设置切换幻灯片的持续时间　　　　　　　图11-42　设置换片方式

> **提示**
>
> 默认情况下，【计时】组中的【单击鼠标时】复选框处于选中状态，这表示需要通过单击鼠标进行幻灯片的切换操作。

11.4 案例演练——制作【卷轴动画】

本节将制作【卷轴动画】演示文稿，其中展现了卷轴从右向左展开后，毛笔飞入卷轴并从左向右写下"千年古都.魅力西安"这几个字的效果，如图11-43所示。

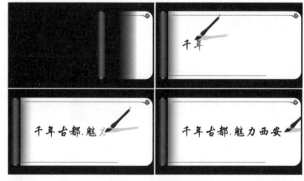

图11-43　案例效果

01 启动PowerPoint，新建一个空白演示文稿，将其命名为"卷轴动画"。

02 在第1张幻灯片的任意空白处右击，从弹出的快捷菜单中选择【设置背景格式】命令，如图11-44所示。

03 打开【设置背景格式】窗格，选中【纯色填充】单选按钮，然后单击【颜色】下拉按钮，从弹出的面板中选择【黑色，文字1】选项，如图11-45所示。

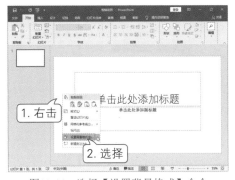

图11-44 选择【设置背景格式】命令

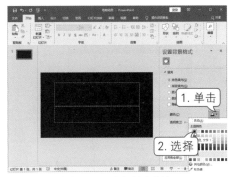

图11-45 选择填充颜色

04 关闭【设置背景格式】窗格，切换到【插入】选项卡，在【图像】组中单击【图片】下拉按钮，从弹出的下拉列表中选择【此设备】选项，如图11-46所示。

05 打开【插入图片】对话框，选中想要插入的图片，然后单击【插入】按钮，如图11-47所示。

图11-46 选择【此设备】选项

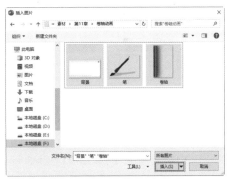

图11-47 选择想要插入的图片

06 调整各个图片的大小和位置，效果如图11-48所示。

07 在幻灯片中绘制一个横排文本框，输入"千年古都.魅力西安"文本，然后设置字体为【华文行楷】、字号为80磅，如图11-49所示。

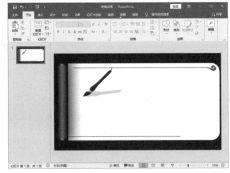

图11-48 调整插入的图片

图11-49 输入并设置文本

08 切换到【动画】选项卡，在【高级动画】组中单击【动画窗格】按钮以显示【动画窗格】，如图11-50所示。

09 选中"卷轴"图片，切换到【动画】选项卡，在【高级动画】组中单击【添加动画】下拉按钮，从弹出的面板中选择【飞入】效果，如图11-51所示。

图11-50 显示【动画窗格】

图11-51 选择【飞入】效果

10 在【动画】组中单击【效果选项】下拉按钮，从弹出的下拉列表中选择【自右侧】选项，如图11-52所示。

11 在【计时】组的【开始】下拉列表框中选择【上一动画之后】选项，在【持续时间】微调框中输入03.00，表示动画的持续时间为3秒，如图11-53所示。

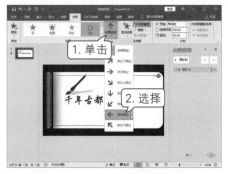

图11-52 设置【效果选项】(一)

图11-53 设置动画的持续时间

12 选中"背景"图片，在【高级动画】组中单击【添加动画】下拉按钮，从弹出的面板中选择【擦除】效果，如图11-54所示。

13 在【动画】组中单击【效果选项】下拉按钮，从弹出的下拉列表中选择【自右侧】选项，如图11-55所示。

图11-54 选择【擦除】效果

图11-55 设置【效果选项】(二)

14 在【计时】组的【开始】下拉列表框中选择【与上一动画同时】选项，在【持续时间】微调框中输入03.00，在【延迟】微调框中输入00.50，如图11-56所示。

15 选中"笔"图片，在【高级动画】组中单击【添加动画】下拉按钮，从弹出的面板中选择【飞入】效果，如图11-57所示。

图11-56　设置动画的持续时间和延迟时间

图11-57　选择【飞入】效果

16 在【动画】组中单击【效果选项】下拉按钮，从弹出的下拉列表中选择【自底部】选项，如图11-58所示。

17 在【计时】组的【开始】下拉列表框中选择【上一动画之后】选项，如图11-59所示。

图11-58　设置【效果选项】(三)

图11-59　选择【上一动画之后】选项

18 在【高级动画】组中单击【添加动画】下拉按钮，从弹出的面板中选择【动作路径】类别中的【自定义路径】选项，如图11-60所示。

19 在幻灯片中按下鼠标左键，临摹文本框中的文字，如图11-61所示。

图11-60　选择【自定义路径】选项

图11-61　自定义动作路径

20 临摹完之后，单击【预览】按钮以预览效果，然后适当调整动作路径的位置，使其与文字对齐，如图11-62所示。

21 在【计时】组的【开始】下拉列表框中选择【上一动画之后】选项，在【持续时间】微调框中输入10.00，如图11-63所示。

图11-62　调整动作路径

图11-63　设置计时选项(一)

> **提示**
>
> 　　在制作幻灯片动画之前，首先需要对整个幻灯片动画做好构思，这样在制作幻灯片动画时，才能确定各个元素应该选择何种动画效果，以及确定动画的开始方式和持续时间等。

22 选中文本框，单击【动画】选项卡，在【高级动画】组中单击【添加动画】下拉按钮，从弹出的面板中选择【擦除】效果，如图11-64所示。

23 接着在【动画】组中单击【效果选项】下拉按钮，从弹出的下拉列表中选择【自左侧】选项，如图11-65所示。

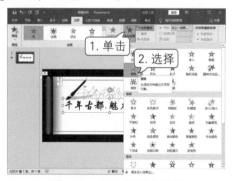

图11-64　选择【擦除】效果

图11-65　设置【效果选项】(四)

24 在【计时】组的【开始】下拉列表框中选择【与上一动画同时】选项，在【持续时间】微调框中输入10.00，如图11-66所示。

25 选中"笔"图片，单击【动画】选项卡，在【高级动画】组中单击【添加动画】下拉按钮，从弹出的面板中选择【飞出】效果，如图11-67所示。

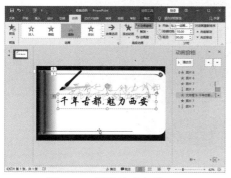

图11-66　设置计时选项(二)　　　　　　　　图11-67　选择【飞出】效果

26 在【动画】组中单击【效果选项】下拉按钮，在弹出的下拉列表中选择【到右侧】选项，如图11-68所示。

27 在【计时】组的【开始】下拉列表框中选择【上一动画之后】选项，如图11-69所示。

图11-68　设置【效果选项】(五)　　　　　　图11-69　设置开始方式

28 至此，整个卷轴动画制作完毕。调整【动画窗格】的边界线，可以查看每个动画的时间安排，如图11-70所示。

29 切换到【动画】选项卡，在【预览】组中单击【预览】按钮★，可以预览动画效果，如图11-71所示。最后，按Ctrl+S组合键保存演示文稿。

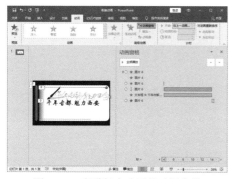

图11-70　查看每个动画的时间安排　　　　　图11-71　预览动画效果

第12章
放映与导出演示文稿

在完成演示文稿的制作后，用户可以根据需要设置幻灯片的放映方式和放映时间，还可以将演示文稿创建为视频文件、PDF文档或者打包成CD对象。本章将讲解放映与导出幻灯片的具体操作。

 本章重点

○ 放映演示文稿
○ 导出演示文稿

 二维码教学视频

【例12-1】排练幻灯片的放映时间
【例12-2】自定义放映幻灯片
【例12-3】打包演示文稿
【例12-4】将演示文稿创建为视频文件
【例12-5】将演示文稿创建为PDF文档文件
案例演练——发布【述职报告】演示文稿

12.1 放映【喜迎元旦】演示文稿

制作好演示文稿后，接下来要做的工作就是放映演示文稿了。在放映演示文稿之前，用户还需要对幻灯片进行一些设置，例如设置幻灯片的放映类型、换片方式、排练计时以及控制放映过程等。

12.1.1 设置幻灯片的换片方式

PowerPoint提供了两种换片方式：单击鼠标放映和连续放映。使用不同的换片方式，有利于幻灯片主题的阐述及思想的表达，使演讲者的演讲更为顺畅、有效。单击【切换】选项卡，在【计时】组中可以设置幻灯片的换片方式，如图12-1所示。

图12-1　设置幻灯片的换片方式

1. 单击鼠标放映幻灯片

在【切换】选项卡的【计时】组中选中【单击鼠标时】复选框，在放映演示文稿的过程中，单击鼠标或按Enter键(或空格键)，即可切换到下一张幻灯片。

2. 连续放映幻灯片

在为幻灯片设置放映效果时，也可以设置每张幻灯片的放映时长，在到达设定的时间后，自动放映下一张幻灯片。

在【切换】选项卡的【计时】组中选中【设置自动切换时间】复选框，并为当前选中的幻灯片设置自动换片时间，接下来为演示文稿中的每张幻灯片设定相同的换片时间，即可实现幻灯片的连续自动放映。

 需要注意的是，由于每张幻灯片的内容不同，并且放映时所需的时间也不同；因此，设置幻灯片连续放映的最常见方法是使用幻灯片的排练计时功能。

12.1.2 设置排练计时

使用排练计时可以为每一张幻灯片中的对象设置放映时间，从而在开始放映演示文稿时，无须用户单击鼠标，就可以按照设置的时间和顺序进行放映，实现演示文稿的自动放映。我们可以使用PowerPoint的排练计时功能来排练整个演示文稿的放映时间。在排练计时的过程中，演讲者可以确切了解每一张幻灯片需要的放映时间以及整个演示文稿的总放映时间。

【例12-1】 排练幻灯片的放映时间 ◎视频

01 打开【喜迎元旦】素材演示文稿。选择【幻灯片放映】选项卡，在【设置】组中单击【排练计时】按钮🕐，如图12-2所示。

02 进入放映排练状态，幻灯片显示为全屏放映，系统会打开【录制】工具栏并自动对幻灯片进行计时，如图12-3所示。

图12-2 单击【排练计时】按钮 　　　　　图12-3 放映排练状态

提示
　　　进入放映排练状态后，用户可以在录制时间到达设定的时间段之前，通过单击【录制】工具栏中的【下一项】按钮➡或单击鼠标(或按Enter键)来放映下一个对象，从而完成当前动画的排练计时。

03 单击【录制】工具栏中的【下一项】按钮➡，切换到第2张幻灯片，【录制】工具栏将继续对第2张幻灯片的放映进行计时，如图12-4所示。

04 使用同样的方法对演示文稿中每张幻灯片的放映时间进行计时，如果中途需要暂停录制，可以单击【暂停】按钮❚❚，系统将打开如图12-5所示的提示框。

图12-4 对第2张幻灯片的放映进行计时 　　　图12-5 暂停录制提示框

05 单击提示框中的【继续录制】按钮可继续对幻灯片的放映进行录制并计时。放映完毕后将打开另一个提示框，询问是否保留新的幻灯片计时，单击【是】按钮进行保存，如图12-6所示。

06 切换到【视图】选项卡，在【演示文稿视图】组中单击【幻灯片浏览】按钮▦，系统将显示幻灯片的排练计时结果，并在每张幻灯片的右下角显示放映这张幻灯片所需的时间，如图12-7所示。

图12-6　提示是否保留新的 幻灯片计时　　　　　　　　　　图12-7　查看排练计时

07 选择【幻灯片放映】选项卡，在【设置】组中单击【设置幻灯片放映】按钮，打开【设置放映方式】对话框。在【推进幻灯片】选项栏中选中【如果出现计时，则使用它】单选按钮，然后单击【确定】按钮，如图12-8所示。

08 在【开始放映幻灯片】组中单击【从头开始】按钮，即可按照排练的时间从头开始放映幻灯片，如图12-9所示。

图12-8　选中【如果出现计时，则使用它】单选按钮　　　图12-9　单击【从头开始】按钮

> **提示**
>
> 　　在放映幻灯片时，可以选择是否启用设置好的排练时间。选择【幻灯片放映】选项卡，在【设置】组中单击【设置幻灯片放映】按钮，打开【设置放映方式】对话框。如果在【推进幻灯片】选项栏中选中【手动】单选按钮，那么排练计时将不起作用，在放映幻灯片时只能通过单击鼠标或按Enter键(或空格键)才能切换幻灯片。

12.1.3　设置幻灯片的放映类型

PowerPoint提供了演讲者放映(全屏幕)、观众自行浏览(窗口)以及在展台浏览(全屏幕)三种幻灯片放映类型，不同的幻灯片放映类型适用于不同的场合。

选择【幻灯片放映】选项卡，在【设置】组中单击【设置幻灯片放映】按钮，如图12-10所示。打开【设置放映方式】对话框，在【放映类型】选项栏中可以选择幻灯片的放映类型，如图12-11所示。

图12-10　单击【设置幻灯片放映】按钮

图12-11　选择放映类型

1. 演讲者放映(全屏幕)

演讲者放映(全屏幕)是系统默认的放映类型，也是最常见的全屏放映方式，如图12-12所示。

在演讲者放映(全屏幕)方式下，演讲者能够现场控制演示节奏，拥有放映的完全控制权。演讲者可以根据观众的反应随时调整放映速度和节奏，还可以暂停放映并进行讨论或记录观众席反应，甚至可以在放映过程中录制旁白。这种放映类型一般用于召开会议时的大屏幕放映、联机会议或网络广播等。

2. 观众自行浏览(窗口)

观众自行浏览(窗口)放映类型主要用于在局域网或 Internet中浏览演示文稿。在这种放映方式下，PowerPoint窗口将具有菜单栏、Web工具栏等，就像在浏览网页，从而便于观众自行浏览，如图12-13所示。

图12-12　演讲者放映(全屏幕)

图12-13　观众自行浏览(窗口)

提示

当使用观众自行浏览(窗口)放映类型时，用户可以在放映幻灯片的过程中对幻灯片执行复制、编辑及打印操作，此外还可以使用滚动条或Page Up / Page Down键控制幻灯片的播放。

3. 在展台浏览(全屏幕)

在展台浏览(全屏幕)放映类型的最主要特点是不需要专人控制就可以自动运行。当使用这种放映类型时，超链接等控制方法都将失效。在播放完最后一张幻灯片后，系统会自动从第一张幻灯片重新开始播放，直至用户按Esc键才会停止。

在展台浏览(全屏幕)放映类型主要用于展览会的展台或会议中的某部分需要自动演示的情况。需要注意的是，在这种放映方式下，用户不能对放映过程进行干预，且必须设置每张幻灯片的放映时间或预先设定好排练计时，否则就可能一直停留在某张幻灯片上。

12.1.4 放映幻灯片

可以使用从头开始放映、从当前幻灯片开始放映、循环放映幻灯片等方式放映幻灯片。

1. 从头开始放映

如果希望从第1张幻灯片开始放映，可以选中任意一张幻灯片，然后选择【幻灯片放映】选项卡，在【开始放映幻灯片】组中单击【从头开始】按钮，如图12-14所示，即可进入幻灯片放映视图，并从第1张幻灯片开始依次对幻灯片进行放映。

2. 从当前幻灯片开始放映

如果希望从指定的幻灯片开始放映，那么可以先选中幻灯片，再选择【幻灯片放映】选项卡，在【开始放映幻灯片】组中单击【从当前幻灯片开始】按钮，如图12-15所示，即可从当前选中的幻灯片开始放映。

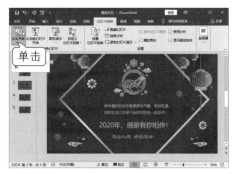
图12-14 单击【从头开始】按钮

图12-15 单击【从当前幻灯片开始】按钮

提示

在放映幻灯片的过程中，当需要退出幻灯片的放映时，可以按Esc键。

3. 循环放映幻灯片

在展览会的展台等场合播放演示文稿时，通常需要将播放方式设置为循环放映，从而使演示文稿自动运行并循环播放。

单击【幻灯片放映】选项卡，在【设置】组中单击【设置幻灯片放映】按钮，打开【设置放映方式】对话框，在【放映选项】选项栏中选中【循环放映，按ESC键终止】复选框，如图12-16所示。单击【确定】按钮，系统在播放完最后一张幻灯片后，会自动跳转到第1张幻灯片，重新开始放映而不是结束放映，直到用户按Esc键退出放映状态。

图12-16　使用循环放映幻灯片方式

12.1.5　控制放映过程

在放映演示文稿的过程中，既可以根据需要，按放映次序依次放映幻灯片；也可以快速定位幻灯片以控制幻灯片的放映过程。

1. 按放映次序依次放映幻灯片

如果需要按放映次序依次放映幻灯片，则可以使用以下几种方法。

- 在【切换】选项卡的【计时】组中选中【单击鼠标时】复选框，然后在放映幻灯片的过程中通过单击鼠标来依次放映幻灯片。
- 在放映屏幕的左下角单击▷按钮可以依次放映幻灯片，如图12-17所示。
- 在放映屏幕中右击，从弹出的快捷菜单中选择【下一张】命令，从而依次放映幻灯片，如图12-18所示。

图12-17　单击按钮

图12-18　选择【下一张】命令

2. 快速定位幻灯片

如果不需要按照指定的顺序对幻灯片进行放映，则可以快速切换或直接定位幻灯片。在放映屏幕的左下角单击⊞按钮，将显示所有的幻灯片，如图12-19所示。单击指定的幻灯片，即可直接放映该幻灯片。

> **提示**
>
> 在放映幻灯片的过程中，有时为了避免分散观众的注意力，可以将幻灯片黑屏或白屏显示。具体操作方法为：在放映屏幕中右击，从弹出的快捷菜单中选择【屏幕】|【黑屏】命令或【白屏】命令即可，如图12-20所示。

图12-19　显示所有的幻灯片

图12-20　选择命令

12.1.6 自定义放映幻灯片

　　自定义放映幻灯片是指选择演示文稿中的某些幻灯片作为当前想要放映的内容，在对放映进行命名和保存后，用户就可以在任何时候选择只放映这些幻灯片。

【例12-2】 自定义放映幻灯片 🎬视频

　　01 启动PowerPoint，打开【喜迎元旦】素材演示文稿。

　　02 选择【幻灯片放映】选项卡，在【开始放映幻灯片】组中单击【自定义幻灯片放映】下拉按钮，从弹出的下拉列表中选择【自定义放映】选项，如图12-21所示。

　　03 打开【自定义放映】对话框，单击【新建】按钮，如图12-22所示。

图12-21　选择【自定义放映】选项

图12-22　【自定义放映】对话框

　　04 打开【定义自定义放映】对话框，在左侧的列表框中选择想要放映的幻灯片，然后单击【添加】按钮，如图12-23所示；即可将选中的幻灯片添加到右侧的放映列表框中，如图12-24所示。

图12-23　选择想要放映的幻灯片

图12-24　添加到放映列表框中的幻灯片

　　05 在右侧的放映列表框中选中想要调整放映顺序的幻灯片，单击【向上】和【向下】按钮即可，如图12-25所示。

06 在【幻灯片放映名称】文本框中输入放映名称，然后单击【确定】按钮，如图12-26所示。

图12-25　调整幻灯片的放映顺序　　　　图12-26　输入放映名称

07 返回到【自定义放映】对话框，单击【放映】按钮，如图12-27所示，即可开始放映指定的那些幻灯片。也可以关闭【自定义放映】对话框，在【幻灯片放映】选项卡中单击【设置幻灯片放映】按钮，打开【设置放映方式】对话框，在【放映幻灯片】选项组中选中【自定义放映】单选按钮，然后从下方的下拉列表框中选择自定义放映的名称，如图12-28所示。单击【确定】按钮，关闭【设置放映方式】对话框，按F5功能键，即可自动播放自定义放映的那些幻灯片。

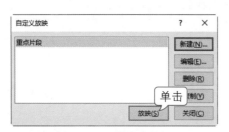 

图12-27　调整放映顺序　　　　图12-28　设置自定义放映

> **提示**
> 在【自定义放映】对话框中，既可以新建其他自定义放映，也可以对已有的自定义放映进行编辑，还可以删除或复制已有的自定义放映。

12.2　导出【喜迎元旦】演示文稿

有时，用户需要将制作好的演示文稿传给其他人进行学习、欣赏等，这就需要将演示文稿打包成CD，当然也可以将演示文稿创建为视频文件或PDF文档。

12.2.1　将演示文稿打包成CD

用户可以在自己的计算机上对演示文稿进行打包，然后将打包文件复制到其他计算机上进行演示。

【例12-3】 打包演示文稿 📹 视频

01 打开【喜迎元旦】素材演示文稿，单击【文件】按钮，从弹出的界面中选择【导出】|【将演示文稿打包成CD】选项，然后单击右侧的【打包成CD】按钮，如图12-29所示。

02 在打开的【打包成CD】对话框中单击【选项】按钮，如图12-30所示。

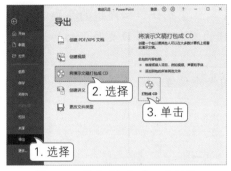

图12-29 单击【打包成CD】按钮

图12-30 单击【选项】按钮

03 在打开的【选项】对话框中设置打开和修改演示文稿的密码，然后单击【确定】按钮，如图12-31所示。

04 返回到【打包成CD】对话框中，单击【复制到文件夹】按钮，打开【复制到文件夹】对话框，设置文件夹的名称和保存位置，然后单击【确定】按钮，如图12-32所示。

图12-31 设置密码

图12-32 设置文件夹的名称和保存位置

05 在弹出的提示框中单击【是】按钮，如图12-33所示。

06 打包完之后，用户可以打开保存了打包文件的文件夹进行查看，如图12-34所示。

图12-33 提示框

图12-34 查看打包的演示文稿

12.2.2 将演示文稿创建为视频文件

如果要在没有安装PowerPoint的计算机上放映演示文稿，那么可以先将演示文稿创建为视频文件，再将视频文件拷贝到其他计算机上，即可使用视频播放器播放演示文稿中的内容。

【例12-4】 将演示文稿创建为视频文件 视频

01 打开【喜迎元旦】素材演示文稿。单击【文件】按钮，从弹出的界面中选择【导出】|【创建视频】选项，然后选择所要创建的视频的清晰度，并设置每张幻灯片的放映时间，最后单击【创建视频】按钮，如图12-35所示。

02 在打开的【另存为】对话框中选择视频的保存位置，然后单击【保存】按钮，如图12-36所示。

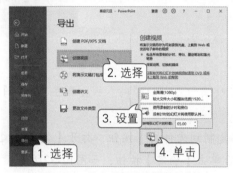

图12-35　单击【创建视频】按钮　　　　　图12-36　【另存为】对话框

03 系统将在指定的位置将演示文稿创建为视频文件，如图12-37所示。

04 双击视频文件即可在视频播放软件中以视频形式播放演示文稿，如图12-38所示。

图12-37　创建的视频文件　　　　　　　图12-38　播放视频

12.2.3 将演示文稿创建为PDF文档

如果要在没有安装PowerPoint的计算机上阅读演示文稿的内容，那么可以先将演示文稿创建为PDF文档，再将PDF文档拷贝到其他计算机上，即可阅读演示文稿中的内容。

【例12-5】 将演示文稿创建为PDF文档 视频

01 打开【喜迎元旦】素材演示文稿。单击【文件】按钮，从弹出的界面中选择【导

出】|【创建PDF/XPS文档】选项，然后单击右侧的【创建PDF/XPS】按钮，如图12-39
所示。

[02] 打开【发布为PDF或XPS】对话框，设置文件的保存位置和类型，然后单击【选
项】按钮，如图12-40所示。

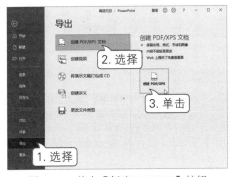
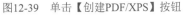

图12-39　单击【创建PDF/XPS】按钮

图12-40　设置文件的保存位置和类型

[03] 打开【选项】对话框，设置发布的范围和内容，然后单击【确定】按钮，如
图12-41所示。

[04] 返回到【发布为PDF或XPS】对话框中，单击【发布】按钮，即可将演示文稿发布
为PDF文档。双击PDF文档名即可在PDF阅读软件中打开并进行阅读，如图12-42所示。

图12-41　【选项】对话框

图12-42　在PDF阅读软件中打开并阅读演示文稿中的内容

12.3　案例演练——发布【述职报告】演示文稿 视频

本节将通过发布【述职报告】演示文稿，帮助读者进一步掌握本章介绍的知识。

[01] 启动PowerPoint，打开【述职报告】素材演示文稿，如图12-43所示。

[02] 选中第1张幻灯片，切换到【切换】选项卡，在【切换到此幻灯片】组中单击下拉

按钮 ，从弹出的面板中选择【百叶窗】切换效果，如图12-44所示。

图12-43　打开素材演示文稿

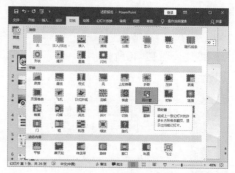

图12-44　选择切换效果

03 在【切换到此幻灯片】组中单击【效果选项】下拉按钮，从弹出的下拉列表中选择【垂直】选项，如图12-45所示。

04 在【切换】选项卡中单击【预览】按钮 ，即可预览设置的切换效果，如图12-46所示。

图12-45　设置【效果选项】

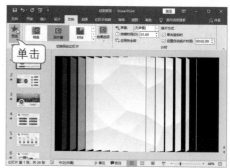

图12-46　预览设置的切换效果

05 单击【文件】按钮，从弹出的界面中选择【导出】|【创建PDF/XPS文档】选项，然后单击右侧的【创建PDF/XPS】按钮，如图12-47所示。

06 打开【发布为PDF或XPS】对话框，选择文件的保存位置和类型，然后单击【发布】按钮，对演示文稿进行发布，如图12-48所示。

图12-47　单击【创建PDF/XPS】按钮

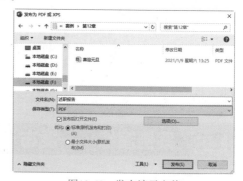

图12-48　发布演示文稿

07 双击创建的PDF文档，如图12-49所示，即可在PDF阅读软件中打开发布的演示文稿，如图12-50所示。

图12-49 双击创建的PDF文档

12-50 在PDF阅读软件中打开发布的演示文稿